国家职业教育工业设计专业教学资源库课程用书
高等职业教育设计类专业新形态一体化教材
“家电产品设计与制作”专题课程用书

产品设计与制作

主　编：许慧珍　王丽霞

副主编：沈　悦　许衍军　刘　蘅　陈　龙
　　　　韦文波　徐洪军

参　编：钱慧娜　周水琴　陈　俊　胡佳辉
　　　　徐　进　任敏杰　毕家盛

ZHEJIANG UNIVERSITY PRESS
浙江大学出版社
·杭州·

图书在版编目(CIP)数据

产品设计与制作 / 许慧珍,王丽霞主编
.— 杭州 :浙江大学出版社，2024.2
ISBN 978-7-308-23879-3

Ⅰ. ①产… Ⅱ. ①许… ②王… Ⅲ. ①产品设计 Ⅳ. ①TB472

中国国家版本馆 CIP 数据核字(2023)第 099473 号

产品设计与制作

许慧珍　王丽霞　主编

责任编辑　吴昌雷
责任校对　王　波
封面设计　周　灵
出版发行　浙江大学出版社
(杭州市天目山路 148 号　邮政编码 310007)
(网址:http://www.zjupress.com)
排　　版　杭州晨特广告有限公司
印　　刷　杭州杭新印务有限公司
开　　本　787mm×1092mm　1/16
印　　张　10.25
字　　数　273 千
版 印 次　2024 年 2 月第 1 版　2024 年 2 月第 1 次印刷
书　　号　ISBN 978-7-308-23879-3
定　　价　39.00 元

PREFACE

序言

本教材贯彻落实党的二十大精神，以立德树人为根本任务，紧扣高素质技术技能人才的成长规律，由校企共同开发，企业人员深度参与，以家电产品为主要设计制作对象，将家电企业项目与案例融入教材各个项目，凸显了“以学生为中心”“做中学”“学中做”的职业教育理念。

随着科技的飞速发展和人们生活品质的持续提升，传统家电产品已难以满足大众多元化需求，因此需要不断进行升级换代。随着科技进步和人民生活水平提高，家电行业也在持续发展和创新，设计驱动创新将成为未来家电行业发展的核心驱动力，推动家电行业的进步和发展。未来家电行业的发展将趋向于智能化、环保化和小家电化，以满足消费者不断变化的需求。

本教材适应理实一体化教学改革的需求，注重理论与实践、企业案例的结合，以项目驱动为抓手，将千变万化的设计方法融入项目实施的具体环节中，将抽象的知识转化为可感、可做、可实施的教学任务，让学习者直观清晰地体验设计思维方法在产品创新创意设计中的具体运用。

通过设计“新思维、新方法、新技术、新材料、新工艺”知识模块，按照学习者的学习阶段，由易到难地构建出“模仿—创意—优化—创新”的四阶难度学习项目。学习项目内容包括优秀家电产品模仿设计、新兴小家电产品创意设计、传统家电的升级换代设计与智能家电产品的创新设计四大项目。每个学习项目都包括了完整的教学实施环节，如任务导入、小组协作与分工、问题导入、知识准备、任务实施与评价总结等，指导学生不仅学习新知识，而且体验不同类型产品的设计流程。

此外，本教材与智慧职教平台上建立的工业设计专业国家教学资源库中的“家电产品设计”课程配套使用，采用融媒体形式，内容载体形式多样，包括视频、动画、PPT 课件、数据文件、纸质教材等，并配有大量的习题供学生自学和教师布置作业。读者只需扫描二维码即可观看，实现线上、线下无空间和时间限制的学习和互动，并配有线上辅导教师在线答疑解惑。

本书的编写团队由具有丰富教学和实践经验的教师和企业专家组成，将最新的设计理念和实际案例引入教材中，使学习者能够掌握最新的设计技能和方法。教材案例丰富、真实，讲解详细、生动、直观，是长期教研成果的积累，可作为职业院校学生的教材，亦可作为相关设计人员的参考书。

本书的出版得到了杭州源骏工业产品设计有限公司、杭州巨星科技股份有限公司等的大力支持和协助，在此表示衷心的感谢！同时感谢徐洪军、陈俊、胡佳辉、徐进、任敏杰、毕家盛等专业技术人员的辛勤付出。此外，本书在编写过程中参考了许多相关的文献和书籍，在此对参考文献的作者表示衷心的感谢！希望读者通过本书的学习能够掌握相关知识和技能，并在实践中发挥出自己的创造力。由于编者水平有限，书中难免存在不足之处，敬请广大读者及专家批评指正。

编　者

2023 年 11 月

CONTENTS 目录

家电概述

01　课程设置

1. 课程定位与目标

设计对象的多样性与复杂性使设计学学科的知识体系构建变得非常困难，“产品设计”系列课程中的“家电产品设计”课程定位于家电产品的创意与研发设计，面向中小微企业，培养家电制造业急需的技术技能复合型设计人才。课程以制造业的家电门类为设计对象，要求学生能够根据项目要求完成家电市场调研分析及客户需求分析、选择家电设计方向、制定产品整体方案、用计算机辅助设计家电产品的造型和结构、研究和选择设计材料、制作手工样板或产品模型等工作。

2. 课程教学设计

课程融合了“新思维、新方法、新技术、新材料、新工艺”知识模块，将抽象的知识转化为可感、可做、可实施的教学任务。依据工业设计专业国家教学标准，对标 1＋X 证书标准，以企业设计项目的工作过程为主线，以工业设计国家资源库配套课程“家电产品设计”为数字资源支撑，重构出“模仿—创意—优化—创新”的四阶难度教学项目，如图 0-1 所示。

课程的每个训练项目设立了独立学习目标，以项目任务书为引领，以学生为主体分小组开展工作，建立相应的项目小组，开展小组协作与分工；还安排了课前问题引导，通过平台微课学习，课中进行任务实施与评价，课后进行学习资料与线上微课的拓展。具体展开顺序如图 0-1 所示。整个教学实施过程包括任务导入、小组协作与分工、问题导入、知识准备、任务实施和评价与总结六个环节。

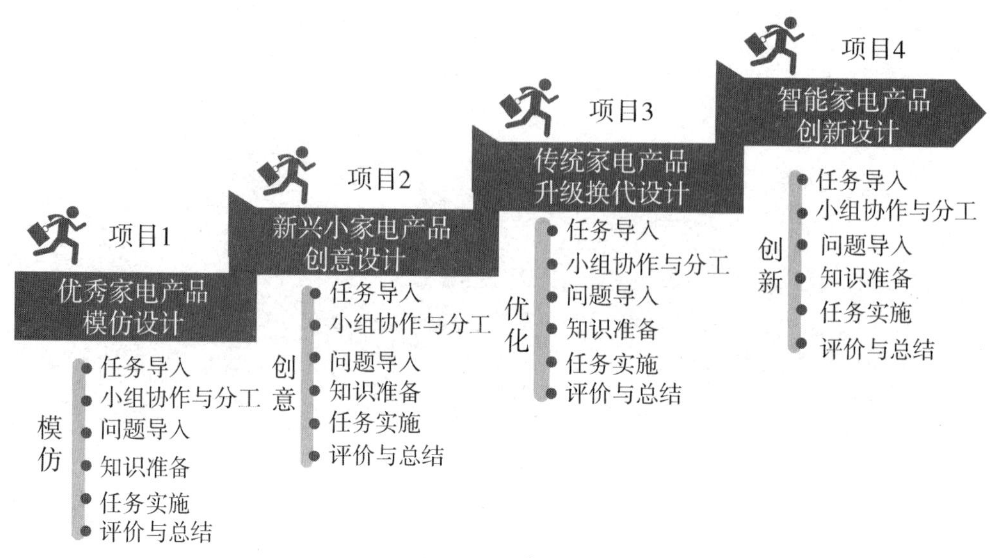

图 0-1 教学设计

课程教学设计中以"思想提升"环节为载体，在每个实践任务的关键节点指出了学生在设计行动中的迷茫与方向，并匹配性地融入了社会主义核心价值观、做人做事的道理、家国情怀等思政元素。整体教学设计采用项目驱动、以赛促学等教学方法，树立以学习者为中心的学习理念。

3. 课程评价

每个项目设计一个评价量表，项目整体评价内容融入"过程、成果、成长度"3 个环节，合理设置权重，实施全方位、全过程、多元化的评价，如图 0-2 所示。

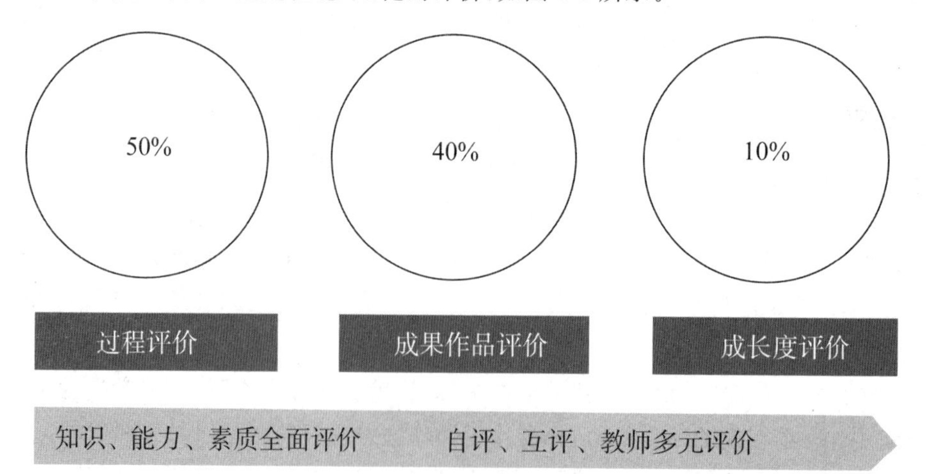

图 0-2 教学评价

02　黑白电之说

1.家电产品是什么?

听到家电这个词,你会想到什么?如京东、苏宁易购、国美这些售卖家电的平台,家电下乡,以旧换新的家电政策,以及家里常用的空调、电视、洗衣机、冰箱等(见图0-3),我们的生活已经离不开家电了。

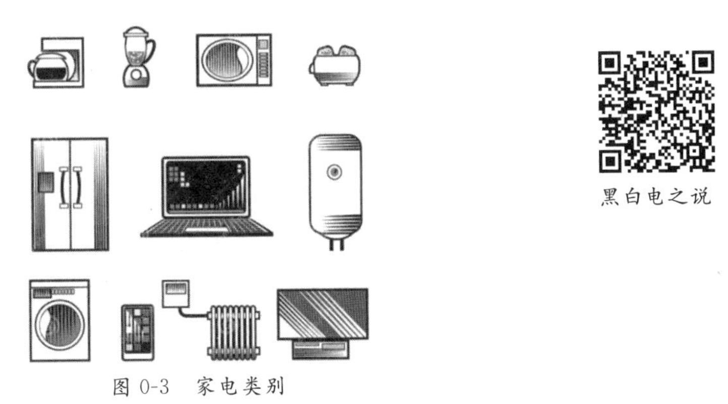

图0-3　家电类别

黑白电之说

家电是什么呢?家电是指在家庭及类似场所中使用的各种电器,又称民用电器、日用电器。

2.黑白电的区分

在我国家用电器行业内有黑电和白电之分。

(1)按功能划分。黑电是指可以带给人们娱乐、休闲的家用电器(如图0-4中的音响产品)。白电指可以减轻人们的劳动强度(如洗衣机、部分厨房电器)、改善生活环境、提高物质生活水平的家用电器(如0-5中的空调器,以及电冰箱等)。

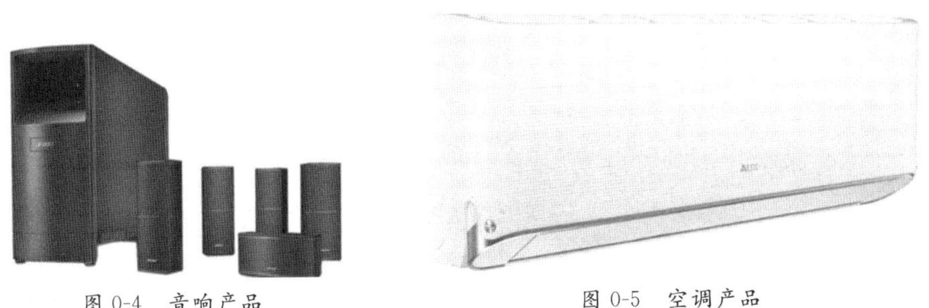

图0-4　音响产品　　　　图0-5　空调产品

(2)按技术划分。黑电是指那些通过电子元器件、电路板等将电能转化为声音或者图像或者其他能够给人们的感官神经带来享受的产品。白电是指通过电机将电能转换为热能、动能进行工作，并可以把人们从繁重的体力劳动中解放出来的家用电器。

(3)按外观划分。只要外观是黑色的家电，统称为黑色家电。所有外观为白色的家电，统称为白色家电。这是早期的一种划分方法，起源于采用电子显像管的电视机，这种电视机为了更容易散热，机身设计为黑色。后来，电视及其周边设备如家用游戏机、录像机等也由于散热以及与电视产品搭配等原因往往也被设计成黑色。

3.家电行业特点

从行业结构上看(见图 0-6)，当下全球家电行业主要呈现以下几个特点：

首先，家电行业是一个高度竞争的行业，家电厂商一般追求规模经济，努力通过扩大规模降低生产成本；

其次，家电行业是一个高资本投入的行业，由于投入高，白色家电行业的新进入者减少；

再次，随着全球经济一体化进程的加快，家电行业的竞争逐步打破国与国之间的界限，大型家电厂商在全球范围内进行生产以及市场的战略部署，家电企业之间的竞争已由过去的国内企业之间的竞争演变为跨国集团之间的较量；

最后，国际范围内家电行业的资产重组步伐日益加快。

从产销结构上看(见图 0-7)，全球家电行业的特性也发生了很大变化，主要表现在：家电行业由过去的产能不足发展到过度生产；产品由量的提升发展到质的提升；企业由过去的单一品牌发展到多品牌以及副品牌；由完全自行生产发展到由其他企业代为生产；由企业间的技术合作发展到战略联盟；由原来的生产导向发展到营销导向。

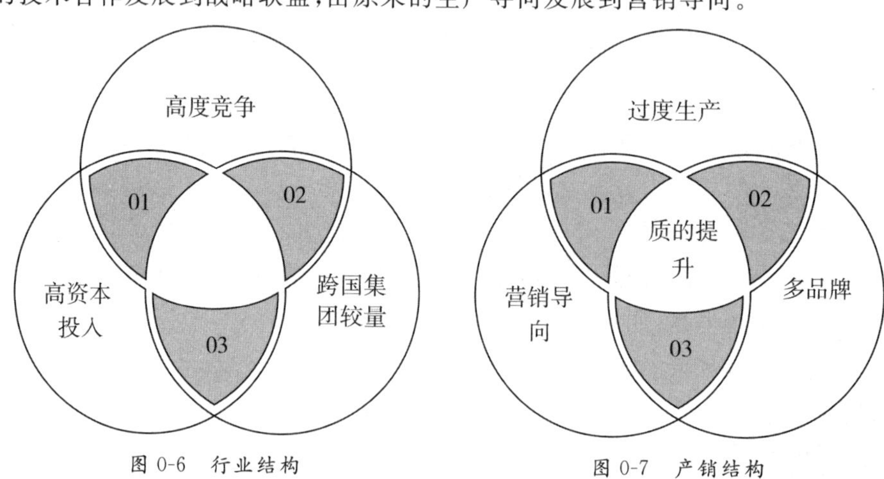

图 0-6 行业结构

图 0-7 产销结构

从行业经营环境来看(见图 0-8)，全球家电行业的特性同样发生了巨大变化。行业经济逐步由劳动密集型发展到技术密集型和资本密集型；消费需求由原来的生存需求、拥有需求发展到量的需求和质的需求；消费形态由原来的单线型、盲从型发展到现在的组合型和客观型；消费者的心理日趋成熟，由感性消费上升到理性消费；消费者所喜爱的商品不再是越大越好，而是追求轻薄短小和个性化。

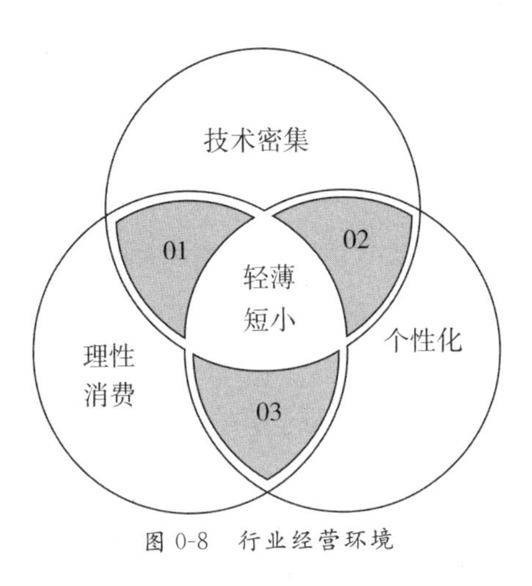

图 0-8　行业经营环境

03　家电产品发展演变

1.电视机的发展演变

(1)电视机发展历史

电视机从黑白到彩色，从电子管电视机到晶体管电视机，再到现在的智能电视机，其发展过程如下：

一提到电视机，有一个英国人的名字是不得不提的，他就是约翰·洛奇·贝尔德(见图 0-9)。这位电视机之父曾经为了得到清晰的图像，把电压加大到 2000 伏，自己却不小心碰到了连接线，差点触电身亡。

1925 年，贝尔德在英国展示了一种非常实用的电视装置，这台电视装置基本上是用废料制成的，其中光学器材是一些自行车灯的透镜，框架是用搪瓷盆做成的，而电线则是临时拼凑的蜘蛛网般的东西。最大的奇迹是这些质量很差的材料，一经他的安排，就能产生图像，而这也成了现代电视机的雏形。

图 0-9　电视机之父

电视机的演变

1939年美国诞生了第一台黑白电视机，这台电视机被运用于1939年4月30日美国总统富兰克林·罗斯福在纽约市弗拉辛广场发表的纽约世博会演讲的转播。

在纽约世博会上，除了现场展现的高速公路、摩天大楼之外，电视机成为最受欢迎的主角。

1950年与电视机配套的“懒骨头”遥控器面世。“懒骨头”遥控器是通过一根线缆与电视机相连的。五年之后，增你智(Zenith)无线遥控器Flash-Matic面世。

20世纪50年代是电视机开始普及的年代。1953年，美国RCA公司设定了全美彩电标准，并于1954年推出第一台彩色电视机(见图0-10)，到1964年，有31%的美国家庭拥有了彩色电视机。

图0-10 第一台彩色电视机

图0-11 特丽珑电视

20世纪50年代，日本索尼公司的黑白电视机虽然大卖，但其技术竞争力却毫无优势。这一切到了1967年才发生了转变，索尼工程师团队的一位年轻成员聪明地解决了彩色电视机一直存在的难题——图像扭曲和光发散。索尼称此项新产品为“特丽珑”，见图0-11。

1968年，索尼卖出了第一台“特丽珑”电视机。在1968—1988年间，索尼卖出了18亿台特丽珑，特丽珑也获得了“有史以来最热卖机型”的美誉。

20世纪70年代，依然是电视机飞速发展的年代。1973年，数字技术率先用于电视广播，实验证明数字电视可用于卫星通信。1976年，英国完成“电视文库”系统的研究，用户可以直接用电视机搜索新闻、书报或杂志。1977年，第一台携带式电视机出现。

2000年出现了健康电视概念，创维公司于2000年在国内首家推出健康1250电视机(见图0-12)，这款电视机克服了模拟电视场闪、线闪、线粗的缺点，并兼容HDTV。与此同时创维还紧跟国外潮流，率先推出了逐行电视，其“不闪的，才是健康的”品牌口号令消费者耳熟能详，而创维的“健康电视”更是深入人心。

图0-12 创维电视机

2008年，我国第一台采用国产等离子屏的电视机出现。自2007年长虹正式启动等离子屏项目以来，长虹、彩虹与美国MP公司一道,首期投入 6.75 亿美元进军等离子屏项目,2008 年 7 月投产,年产等离子屏达到 216 万片。

2011 年,云概念成为当年智能家电市场的一大热点。2011 年 8 月,创维推出了全球首款云电视。这款产品创先搭载了云平台和智能 Android 操作系统,在电视机上实现云空间、云服务、云社区、云浏览、云搜索、云应用等多种云端个性化应用,并能随时同手机、平板电脑等移动设备互联互动,云端服务器为后台进行数据处理和资源整合服务,让用户可以随时随地分享各种视频、照片与资料。

图 0-13　脑电波电视机

2011 年,脑电波电视机出现。图 0-13 所示的这个特别的脑波耳机可以检测到用户的脑电波信号,并识别出用户所处的状态,将其转化成电视机可以识别的数字信号。在将来的某天,我们不再需要电视机遥控器,人们可以随意以自己的意志来控制电视机开关机、切换频道。

2012 年,4K 电视机出现。在 2013 年的最后一天,创维发布了国内首台 4K 家庭互联网电视机,同时其试水微信操控的电视机亦推向市场。

2014 年,世界首款 105 英寸曲面 UHD 电视机由三星电子推出,并首次亮相于 2014 年 1 月 7 日在拉斯维加斯举办的 2014CES 展上,同时三星电子率先推出全球市场化的曲面 UHD 电视品线,发布了 2014 最新曲面电视机(见图 0-14)。

图 0-14　曲面电视机

随着互联网速度的不断提升和电视端应用的不断开发,基于电视的应用和服务也越来越丰富和多元,除了视频媒体的基本功能,还增加了以互联网为平台的游戏娱乐、健康医疗、文化教育等功能,操作方式也由之前的复杂按键旋钮向仅有几个按键的遥控器以及语音、体感多元交互的方向转化。

随着智能电视功能的丰富和多样化,用户与电视的交互方式也在发生变化。未来智能电视的交互设计将会是市场的必然发展趋向,评估一款好产品、好系统的交互设计,是将用户放在首位,以用户体验为核心,只有通过深度系统地了解用户需求,才能进一步指导用户交互体验和设计方向。

(2)现代电视机的案例

在 2020 年消费电子展上展示了三星公司的最新发明 Sero TV(见图 0-15),该公司称这是“为移动一代设计的”电视机。也就是说,它会自动从标准宽屏模式切换到竖屏模式,就像你的手机一样。除了屏幕的对角线尺寸由 6.1 英寸改为 43 英寸以外,Sero 也可以设置为以数码相框形式显示图像,同时提供时钟模式和语音激活的 Bixby 家庭集线器集成。

图 0-15 三星 Sero TV 竖屏模式

图 0-16 Mondrian 电视机

如图 0-16 所示的 Mondrian 电视机，是设计师 Harry Dohyun Kim、Weichih Chen 和 Fuhua Wang 带来的 OLED 电视机与模块化家具的概念设计，据称是受荷兰画家 Piet Mondrian 启发而创意的。设计师表示，电视机越来越纤薄，而家具的趋势却是温暖舒适，这两者放在一起会造成视觉不匹配。Mondrian 通过一种无缝结构实现了新形态，用户可以自定义组合，选择所需的电视机尺寸、堆叠设计、拧紧支脚和节点，添加架子和为屏幕添加旋转支架。这让消费者了解了如何在空间中进行创造。

2. 电冰箱的发展演变

(1)电冰箱的发展历史

1923 年，在瑞典诞生了世界上第一台单压吸收式冰箱。只是，谁又知道，给我们带来巨大改变的冰箱，当初不过是两个年轻学生为得到学位证书的作业而已。来自瑞典斯德哥尔摩皇家技术学院的年轻工程师，在毕业时提交了这个举世瞩目的选题——一台简单利用吸收过程，用热量制冷的制冷机，启动这个过程的热源的能量由电、汽油或煤油来供应，电冰箱由此产生。1923 年，他们成立了两家自己的公司——Arctic(北极)有限公司和 Platen-Munters 制冷系统有限公司。图 0-17 为北极有限公司生产的北极冰箱。

值得一提的是，这两位发明家和别的年轻发明家一样，他们急需资金来开发他们的产品并将其推向市场。此时伊莱克斯的创始人温尔格林成了两人的伯乐，也抓住了使自己公司飞黄腾达的机会，从而让我们提前进入了电冰箱时代。

图 0-17 北极冰箱

电冰箱的演变

1925 年,伊莱克斯将自己的首款冰箱——ModelD 推向了市场。第一个版本 ModelD 是将冷却装置和电气配件装入一个“驼峰”中,容量为 91 升。

自此,电冰箱以百花绽放之态,迅速地进入人们的生活,到 20 世纪 40 年代,约 85%的美国家庭都有了电冰箱。

随着战后欧洲电冰箱的普及,开始涌现出一些很好的品牌,其中一个比较突出的是意大利的 Smeg(见图 0-18)。Smeg 流线型冰箱,在 20 世纪 50 年代成为经典,并因为设计时尚,迄今依然是名牌。

(2)电冰箱技术的发展

冰箱由外箱体、制冷系统、控制系统和附件组成。下面我们来了解下电冰箱的技术与工作原理。

①单门冰箱技术。单门冰箱工作时,制冷剂在压缩机内绝热压缩,接着进入冷凝器。在冷凝器中,高压气态制冷通过管壁向外传热,变为液态制冷剂,再通过干燥过滤器滤掉制冷剂中的水分和杂质,并通过毛细管的节流降压作用,将制冷剂送入蒸发器。在蒸发器里沸腾汽化,使蒸发器内空间形成冷冻部位,产生蒸发器下表面和箱体内上下部分空气的自然对流,使箱内温度下降,完成整个制冷循环。

图 0-18 Smeg 冰箱

②双门冰箱技术。双门冰箱工作时,由防露热管中流出来的液态制冷剂通过干燥过滤器后,再通过毛细管节流,先进入高温蒸发器,部分制冷剂蒸发汽化后,再进入低温蒸发器。在低温蒸发器中,制冷剂充分蒸发汽化后被压缩机吸入进行压缩,经冷凝器冷凝成液体,如此循环制冷。

③冰箱多功能技术。消费理念全面升级,推动技术创新多点开花。冰箱行业开启智能、保鲜技术大战,演变至今,业界看到的是一场“百家争鸣”的技术创新大战——保鲜技术由单一空间向全空间、分类空间精准保鲜升级;产品形体由单纯考量容积向极致的嵌入式需求、极致的内存储空间发展;智能化由单一的手机联网向智能调控存储空间环境、语音互动人工智能扩展;外观设计由传统沉闷走向讲求材质、线条、潮流的美学升华;健康管理从单一的食材干净,扩展为净味、灭菌、营养管理等方面。比如,卡萨帝、COLMO、海信、TCL 均推出了极具美感的套系化产品,带动冰箱在外观设计上跨品类协同,在物联控制上顺畅连接。

此外,家电的家居化转型将成为家电行业的一场革命,我国也将在满足消费者基本需求的基础上,通过模块化生产进一步提升产品的利用率,拓展产品序列与发展空间,探索更多的发展可能。例如橱柜嵌入式冰箱的发展与中国消费者的使用习惯和冰箱行业的要求相契合,是真正意义上的大容量且适合橱柜标准尺寸的产品。未来,伴随保鲜技术、新材料等在橱柜嵌入式冰箱上的普及和应用,橱柜嵌入式冰箱的差异化设计有望打破冰箱市场整体消费吸引力不足的现状,为行业发展带来新生机。

(3)案例——无电冰箱

对于现代的人们来说,冰箱是一件平凡的物品,但是世界上有大约12亿人根本没有条件使用冰箱,甚至没办法保存那些用以挽救生命的药材和疫苗,只因为没有电。德国女孩Julia做出了改变。2014年12月,Julia和她的伙伴们在柏林开始探索"无电冰箱Coolar",该冰箱采取了一种使用热水制冷的新系统。热水如何能制冷呢?原理其实很简单,只需要水和硅胶,让热水蒸发汽化吸热,使周围的环境温度迅速冷却,同时使硅胶吸收由此产生的水滴。

这样的制冷方法即便是在一些落后的地区也很实用(见图0-19),因为水很容易煮沸,如果选择更加环保的方式,那便可以利用太阳能加热。这个新的制冷系统不仅独立、可持续发展并且完全不会涉及有害物质,因此经济又环保,如图0-20所示。

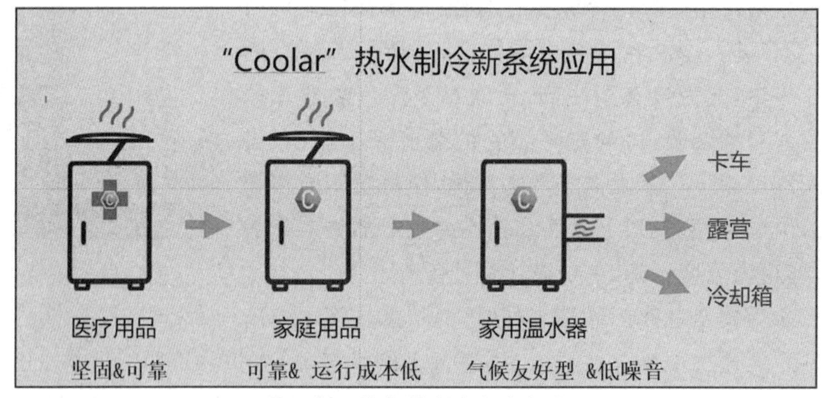

图0-19 热水制冷系统的应用

图0-20 无电冰箱的应用

这个冰箱创新方案已得到了广泛支持,更被全球疫苗免疫联盟(GAVI)承认,该联盟承诺将提供6.5亿美元在53个国家推广该项制冷技术。

3.电吹风的发展演变

电吹风的发展演变

(1)电吹风的发展历史

在吹风机发明之前，人们通常会将软管连接到吸尘器的排气端，用以将头发吹干，这是最原始的方法。法国人亚历山大(Alexandre F. Godefroy)在1890年受此启发发明了第一台吹风机(见图0-21)，这是吹风机的原型。一个客户坐在引擎盖下，带罩的燃气就会吐出热气，提供所需。该吹风机不方便移动，体型很大，所以只用于理发店中。

1930年一个女人在伦敦的美容美发展览会上尝试新的烫发机(见图0-22)，可以看出这款新式的烘干机的创新之处在于有多个加热管。

如图0-23所示是在伦敦号称最高座的吹风机。

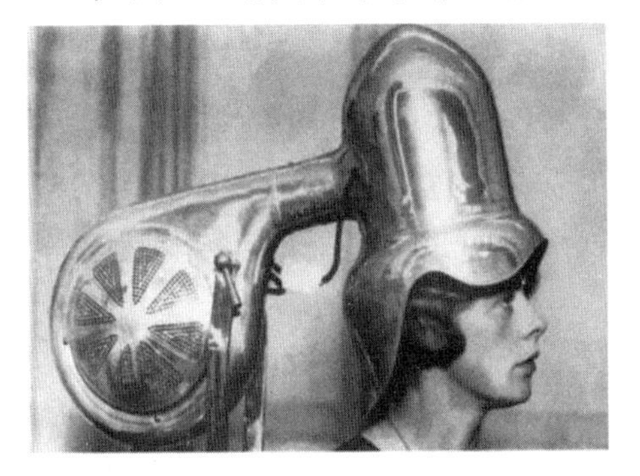

图0-21　早期电吹风

图0-22　早期烫发机

图0-23　伦敦最高座吹风机

1933年，索利斯开始生产电吹风。经过几代人的精耕细作，索利斯成为全球专业电吹风市场的顶尖品牌(见图0-24)。同时衍生出了烫发机。20世纪40年代的烫发机是现代烫发机的原型。到了20世纪60年代，电吹风开始风行，这是得益于其马达和塑料部分的改进，还有一个比较重要的原因是1954年CEG改变了原有的设计，将马达安入了其外壳之内。法国的鸟笼烫发机(见图0-25)则以其鸟笼的外形设计，打败了其他国家的产品。

图 0-24　索利斯吹风机

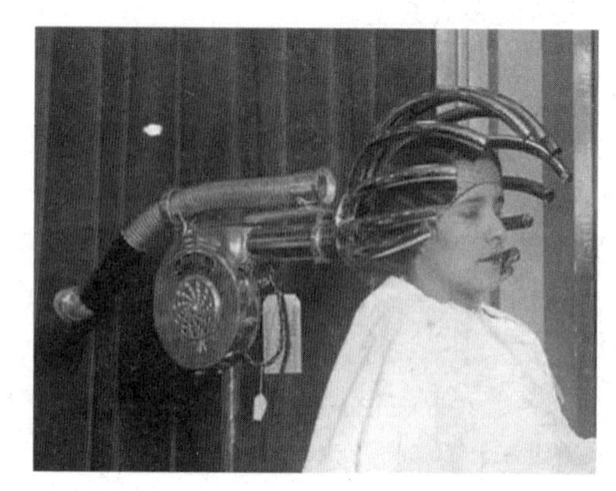

图 0-25　法国鸟笼烫发机

(2)现代电吹风设计案例

电吹风作为一种结构比较简单的小家电,不像其他家电产品那样引人注目。事实上,电吹风的工作原理和内部结构自发明以来就没有什么大的变化,为了推陈出新,厂家和设计师们从它的外观和技术上着手。于是这一类产品就呈现出让人眼花缭乱的百变姿态。下面介绍五个吹风机的案例。

【戴森吹风机】这款吹风机将小巧而强劲的戴森 V9 数码马达(转速高达每分钟 110000 转)和 Air Amplifier™气流倍增技术相结合(见图 0-26),其产生的可控高压高速气流,可以快速干发,精准造型。戴森一直表示“要重新定义吹风机”,在外观设计方面,其独特的外观设计颇具话题点,风筒部分为环状,机身小巧紧凑,颜色时尚靓丽。在技术方面,戴森投入 5000 万英镑开发该产品所采用的快速而集中的气流技术,甚至成立了专门研究头发科学的高精尖实验室。在发布会现场,戴森展示了部分研发设备,自动化程度极高的研发设备吸引了现场观众的高度关注。与常规吹风机电机位于机器头部不同,戴森的创新性是将电机置于手柄之中。重量仅为 49 克的戴森吹风机实现了小型化、便携化的可能。

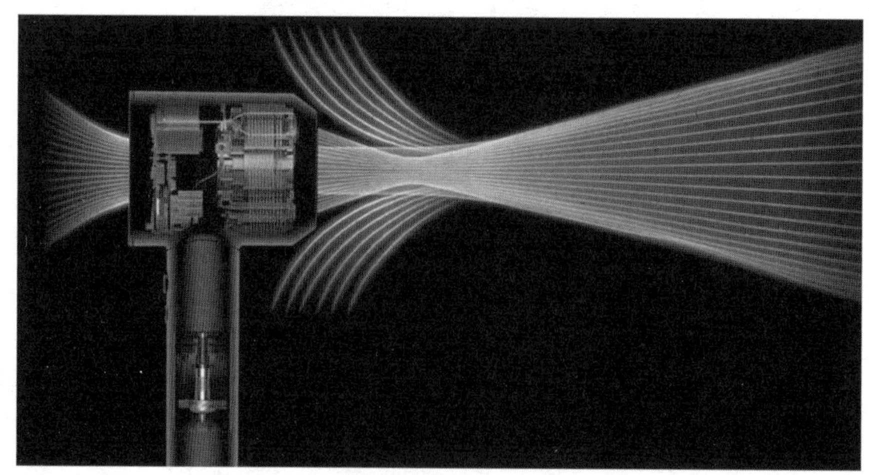

图 0-26　戴森吹风机

【精油吹风机】这款吹风机的创新点是在吹干头发的同时，使用植物精油防止皮肤过敏及增加香味（见图0-27）。再来了解一下它的结构原理图。在此款吹风机里设置了专门的精油放置空间，在热风的驱动下精油的香味就会随着风一起吹出。

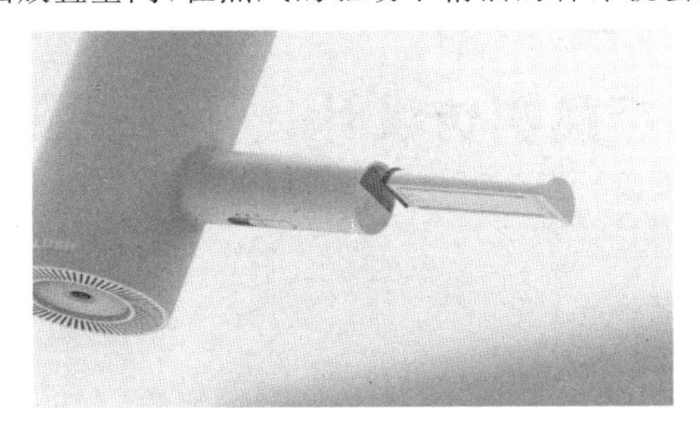

图0-27　精油吹风机

【无柄吹风机】可能有人会问，没有柄会不会使用不方便？如图0-28所示的无柄吹风机的创新点是运用手指的捏的动作进行操控，这个设计让吹风机变得更加小巧、可爱。

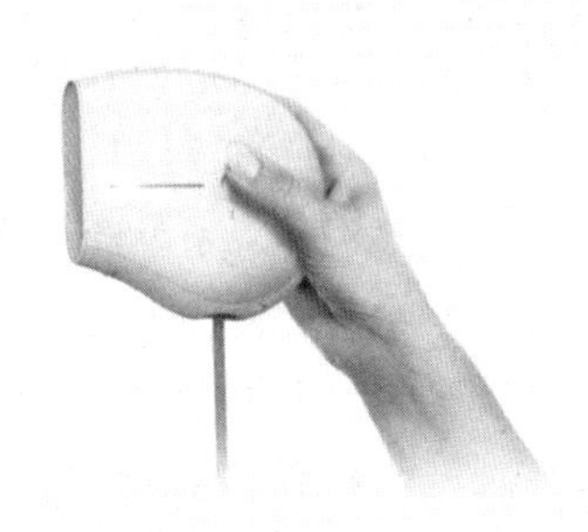

图0-28　无柄吹风机

【片状吹风机】一般电吹风主要是由发热元件、气泵、进气通道、出风通道这四个关键部分构成。为提高空气加热效率，加大出风量，往往需要在进气和出风通道保持一定横截面积。但这款电吹风的设计者却别出心裁，将进气口和出风口都设计成窄窄的一道缝隙，整个电吹风就像是弯折的纸片（见图0-29）。发热元件和气泵集成在纸片弯折处的球形空间内。虽然这样的设计在制造时或许有些难度，在使用时功率也会受到限制，但这样的造型，的确让人耳目一新。

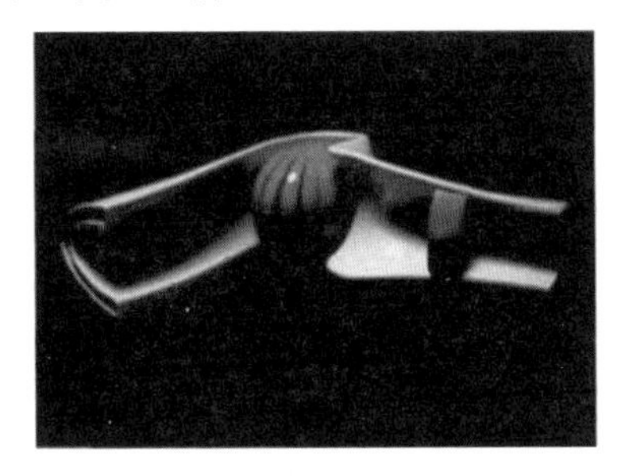

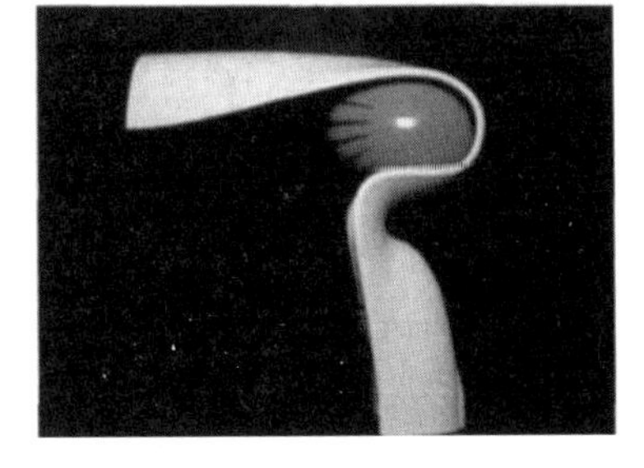

图0-29　片状吹风机

【壁挂式吹风机】使用电吹风的人多为年轻女性，一款漂亮的发型除了需要电吹风的帮助来实现之外，还需要一双灵巧的手。常规的手持式电吹风，如果使用时间长，就会增加身体的疲劳度，在整理头发造型时带来诸多不便。壁挂式设计是电吹风设计的一个亮点，其在使用上给人提供了很大的方便。

由此可以看出电吹风之所以迅速发展，一方面是人们的基本需求，另一方面是人们对美的追求。

项目 1

优秀家电产品模仿设计

学习目标

【知识目标】

- 了解不同品牌家电的产品设计理念
- 懂得优秀家电产品的特点
- 掌握产品造型方法与三维模型制作方法

【能力目标】

- 能够查阅家电产品设计案例作品
- 能够选择一个优秀家电产品进行设计分析
- 能够模仿优秀的家电产品,并进行设计与制作
- 能够展示优秀家电产品的制作效果

【素质目标】

- 培养学生的观察力
- 培养学生设计思辨的能力
- 培养协同创新的职业精神
- 培养学生精益求精的工匠精神

1.1 任务导入

<table>
<tr><th colspan="2">项目1　工作任务书</th></tr>
<tr><td>学习情境描述</td><td>由于学生对家电产品不了解，设计一个模仿学习情境，可以让学生主动地去了解家电，查询家电产品相关的设计资源与设计作品，并选择一个优秀的家电产品进行产品的创新点寻找、造型美学分析与设计效果模仿制作。通过模仿学习与制作，加深学生对家电产品的认知与理解。</td></tr>
<tr><td>项目适用领域</td><td>①制冷电器，包括家用冰箱、冷饮机等。
②空调器，包括房间空调器、电扇、换气扇、冷热风器、空气去湿器、冷风机等。
③清洁电器，包括洗衣机、干衣机、电熨斗、吸尘器、地板打蜡机、扫地机器人等。
④厨房电器，包括电灶、微波炉、电磁灶、电烤箱、电饭锅、洗碟机、电热水器、食物加工机等。
⑤电暖器具，包括电热毯、电热被、水热毯、电热服、空间加热器。
⑥整容保健电器，包括电动剃须刀、电吹风、整发器、超声波洗面器、电动按摩器。
⑦声像电器，如微型投影仪、电视机、收音机、录音机、录像机、摄像机、组合音响等。</td></tr>
<tr><td>学习任务</td><td>(1)查阅家电产品设计案例作品。
(2)选择一个优秀家电产品进行设计分析。
(3)模仿设计与制作优秀的家电产品。
(4)展示优秀家电产品的制作效果。</td></tr>
<tr><td>工作任务要求</td><td>任务要求：选择一个家电产品进行模仿设计，此产品具有以下特点：
(1)具有创新点。
(2)具有美感造型。
(3)资料图片具有清晰、多角度细节清晰可见的特征。
任务清单
工作任务1：选择家电产品(1课时)
工作任务2：观察与思考家电产品(1课时)
工作任务3：三维建模与渲染(4课时)
工作任务4：展板设计与制作(4课时)</td></tr>
<tr><td>工作标准</td><td>1.1+X产品创意设计等级标准(中级)
用计算机辅助设计产品的造型和结构、研究和选择设计材料。
2.评审标准
(1)造型：形态比例准确，造型富有层次感，曲面造型准确。
(2)结构：产品结构元器件布局合理，结构原理清晰，连接结构合理。
(3)细节：展示人机交互细节、展示产品表面装饰细节、展示产品Logo等细节。
(4)展板：设计方案主图、细节图、爆炸图表达统一、完整、清晰。</td></tr>
</table>

1.2 小组协作与分工

课前：请同学们根据六维专业能力（见图 1-1）的互补原则进行分工，并在表 1-1 中写出小组内每位同学的专业特长和分工任务。

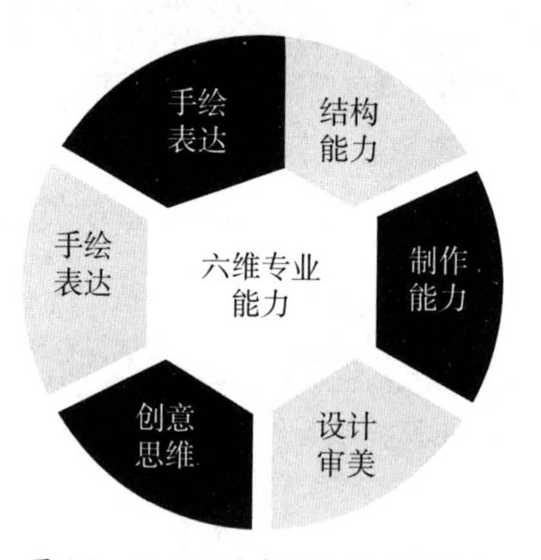

图 1-1 工业设计专业六维专业能力

表 1-1 成员分组表

组名	成员姓名	专业能力强项	专业能力弱项	任务分配

1.3 问题导入

仔细观察一下如图 1-2 所示的优秀作品，思考以下三个问题。

问题 1：何为优秀的家电产品设计？

问题 2:哪些网站可以搜集优秀的家电产品?

问题 3:优秀家电产品模仿的重点是什么?

图 1-2 优秀产品

1.4 知识准备——设计表达技法

1.4.1 三维渲染表达

产品三维建模与渲染

作为一门以现代工业产品为主要研究对象的学科,工业设计着重研究产品的结构功能和艺术造型等方面的内容。通过逼真的设计表达,设计师可以传达自己的设计想法,同时也是其他人了解产品最有效的方式。因此,工业设计需要重点考虑如何快速、真实地表达出产品的造型和材质效果。

在这个过程中,产品渲染是展示一款产品外形、材质特点的有效方式之一。工业设计专业常用的产品渲染软件是 KeyShot。这个软件自带 15 种类别近 200 种材质类型,使用者只需要将合适的材质拖放到模型表面,就可以添加需要的材质效果。对于诸如木材、石材等纹理繁多的材质效果,只需要在编辑栏目中选择合适的材质贴图,就能轻松生成所需的材质效果。

如何渲染出效果呢?这里有两个重点,即角度与光影以及构图与展示。角度与光影的选择可以决定整个渲染效果的真实感,选择合适的角度和光影可以使产品展现出更加逼真的效果。同时,构图与展示的设计也非常重要。通过合理的构图和展示方式,可以使产品的特点更加突出，让观看者更好地了解产品。

1. 角度与光影

首先，对于一些以立式为主的产品，我们建议选择倾斜 30°～45°作为展示角度(见图 1-3)。这个角度可以让产品呈现更加立体的效果。通常我们会选择白色或浅灰色作为背景，将产品呈现在特定的倾斜角度上，可以左倾或右倾。观察这些图片，你会发现这个角度将产品的亮面与阴影面都展现出来了。你可以试着找出这些图片中的阴影面在哪里。此外在渲染产品时，你需要特别注意是否同时展现了高光面、阴影面和过渡面。你可以花一些时间认真观察渲染效果，确保这些元素都得到了充分展示。通过合理的角度选择，你可以让产品呈现出更加生动逼真的效果。

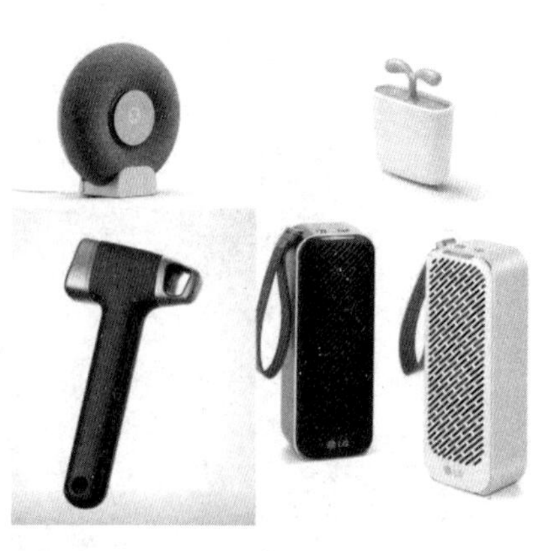

图 1-3　倾斜角度的产品表达效果

以鼠标的渲染效果为例(见图 1-4)，我们同样采用了灰色的背景和倾斜的角度。你可以看到，这两张图的高光与阴影对比明显，这种展示方式能够同时呈现产品的收纳状态和使用状态。

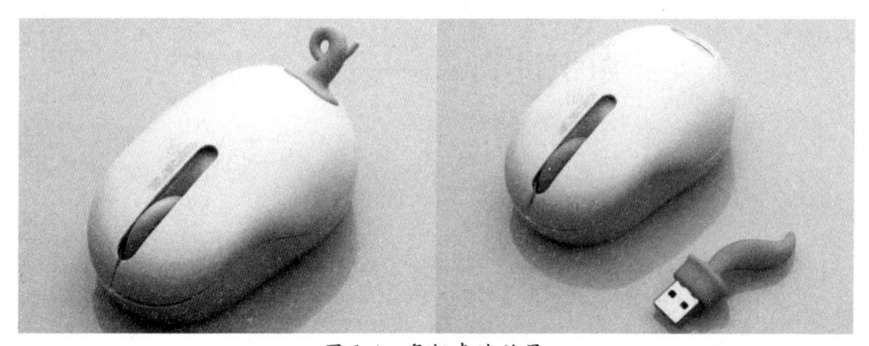

图 1-4　鼠标表达效果

另外，对于一些壁挂类的产品，我们可以选择倾斜 15°～30°的角度，或者正面的效果进行展示(见图 1-5)。由左到右，第一个展示的是倾斜 15°左右的角度，第二个展示的是牙刷消毒器产品的正面效果，第三个展示的是微倾斜的角度灯泡设计效果。

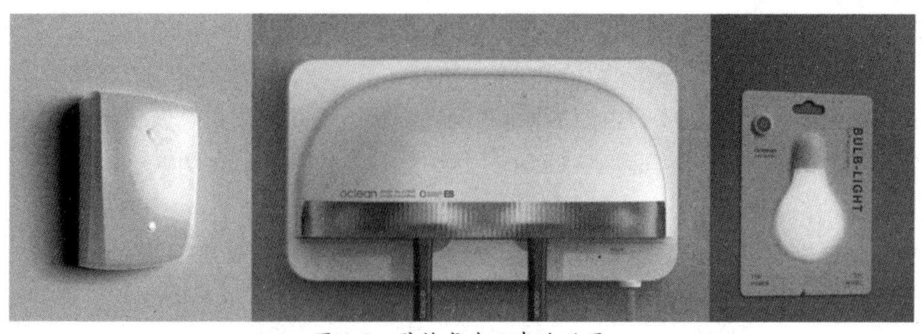

图 1-5　壁挂式产品表达效果

通过选择不同的展示角度，我们可以更好地展示产品的特点和亮点，让观众更好地了解产品的功能和造型。此外，灰色背景常常被用于产品渲染中，因为它能够减少干扰，突出产品本身的特点。渲染出来的产品能够更加逼真地展现出来，让观众对产品的质量和外观产生更深刻的印象。

2.渲染的构图与展示

在展示产品时，有五种常用的构图与展示方式可以采用。第一种是场景化展示，即为产品营造出一个使用的场景（见图1-6）。这种展示方式能够让产品置于适合的场景中，搭配适合的背景和道具，从而丰富层次感，让展示的效果更加生动和形象。

图1-6 场景化构图

第二种是掉落式构图（见图1-7），通过展示产品从上往下掉落的感觉，使用者可以将产品从不同角度进行展示，让观众更好地理解产品的特点。

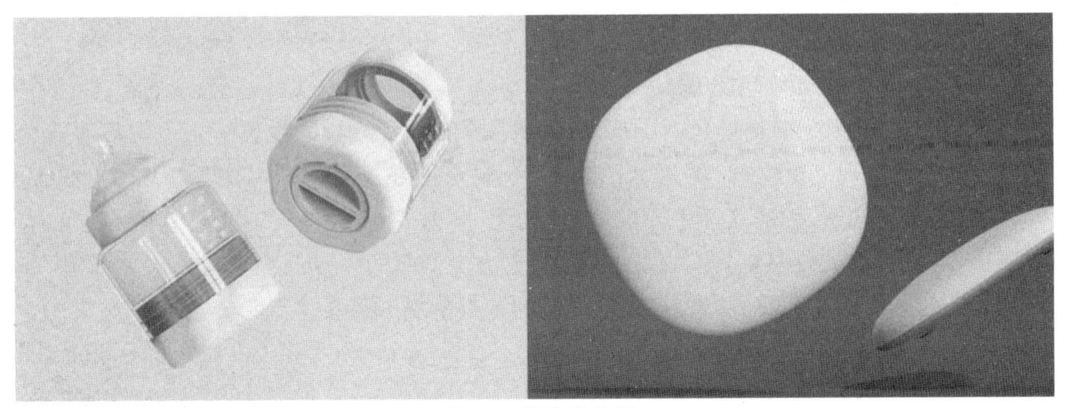

图1-7 掉落式构图

第三种是阵列式构图（见图1-8），将展示产品的两个不同状态或不同配色以同一角度的形式排列展示，让展示效果更具气势感。

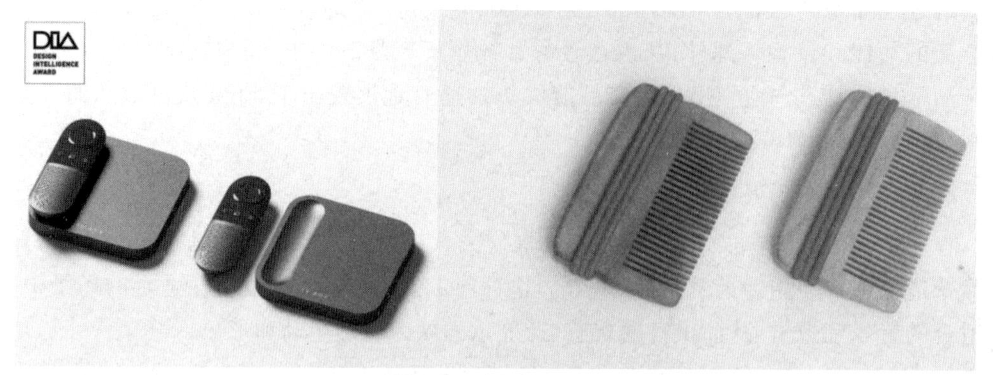

图 1-8　阵列式构图

第四种是等腰三角形构图(见图 1-9),通过将产品的使用过程分为三个不同状态的效果图排列成等腰三角形的三个角的位置,让展示的效果更加高低错落。

最后,第五种是增加支撑平台(见图 1-10),增加一个高低不一的支撑平台,可以更好地凸显产品的特点。

图 1-9　等腰三角形构图

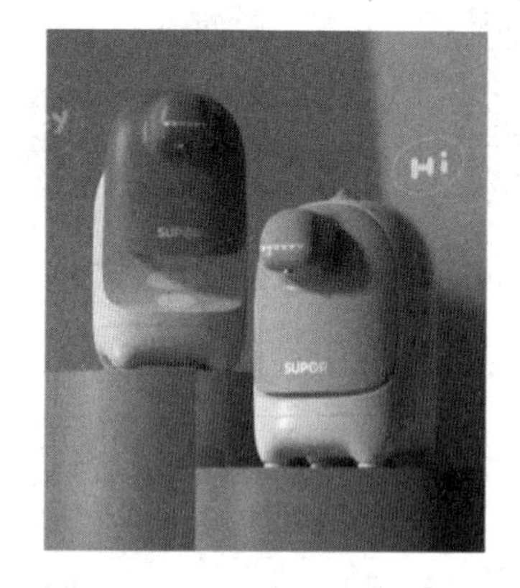

图 1-10　增加支撑平台

综上所述,如果想要更好地展示产品,需要注重角度和光影的设置。合理的角度和光影可以让产品呈现出更立体、更逼真的效果,令观众更好地了解产品的外观和特点。此外,采用场景化构图、增加支撑平台、掉落式构图、阵列式构图、等腰三角形构图等方法进行展示,可以让渲染效果更具有视觉吸引力,更突出产品的特点。综合运用以上方法,可以让展示的效果更加生动、形象,真正把产品的特点呈现给观众。

1.4.2　展板设计与制作

产品展板制作方法

展板设计是一种通过清晰的画面和丰富的色彩搭配,运用独特的表现手法来传播信息、传达情感、宣传商品和传达理念的过程。

在当前资讯高度发达的社会大环境下,展板通过加载将各种各样的信息于第一时间推送到人们的视野中,其在信息传播中作为一种重要载体被广泛使用,设计专业的学生每当设计出一个产品,就会制作一份展板,通过展板可以便于直接、快捷地进行方案评估。

1.展板要素

首先了解一下展板的构成要素。一张完整的展板通常由文字和图片两部分组成。在产品展示方面，文字通常包括产品的标题设计、产品的设计说明等，而图片则包括主效果图，产品使用流程图，产品细节图以及产品的爆炸图、三视图等。

在文字部分中，主标题起着统领全局的作用，是设计方案中不可或缺的灵魂和点睛之笔。副标题则作为主标题的补充，解释主标题的含义和意义，是文案设计中不可缺少的辅助部分。而设计说明则是展板中文字的主体部分，包括创意来源、材料、生产工艺、人体工程学分析、尺寸说明、色彩说明等内容。

在图片部分中，三视图通常包括主视图、左视图或右视图以及俯视图，用于展示产品的各种角度，让读者更加清晰地了解产品的构造。主效果图则分为单体效果图、细节效果图、产品使用流程图以及产品爆炸图等。细节效果图、使用流程图则突出产品的创新点、配色以及使用方式。

此外，色彩方案也是重要的展板要素，指同一材质不同颜色表现和不同材质搭配规划。而实物或模型的照片及制作过程图片资料也是展板中必不可少的一部分，以体现设计方案最终的真实效果和制作过程。

对于工业设计专业而言，展板设计是必不可少的一部分，但在教学体系中一般不会有专门的课程，学生需要凭借专业基础和审美感受进行创作练习。通过规划布局、展示方式以及表现细节图等方法，可以让展板设计更加具有视觉吸引力，为设计方案增色添彩。

2.展板要素布局与规划

展板中的要素如何布局呢？产品的主效果图是最重要的要素之一，通常占据展板的1/3到1/2的面积。产品的使用流程图、细节图、爆炸图等是主图的补充说明，用来展示产品的使用过程、原理、技术和人性化的小设计。在字体规划方面，标题设计的字体最大，其次是设计说明，最后是细节说明。

以下是几个展板布局案例。第一张手提箱式卷管器的展板(见图1-11)，主图占据最大的面积。产品渲染的主图设计为阵列式，展示产品的手提特点和色彩配色。右下角排列着3张细节图，与产品主图的大小呈明显区别。标题采用了蓝色的大字体，其次是设计说明和细节说明的文字，采用了较小的字号。

第二张变废为宝厨房处理器产品设计展板(见图1-12)，则以产品爆炸图作为主图，通过一张爆炸图来展示产品的主要创新点，同样遵循了标题最大的原则。此外，展板对标题做了字体、字色和装饰的设计，为标题设计了一些装饰与美化。

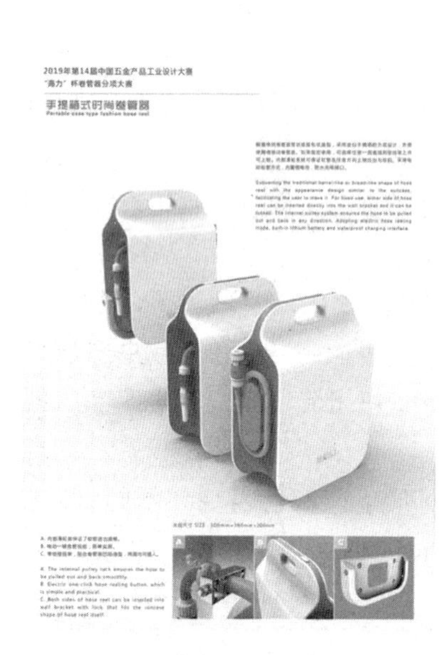

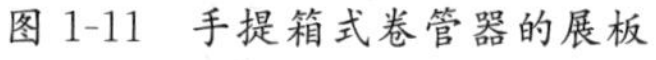
图 1-11　手提箱式卷管器的展板

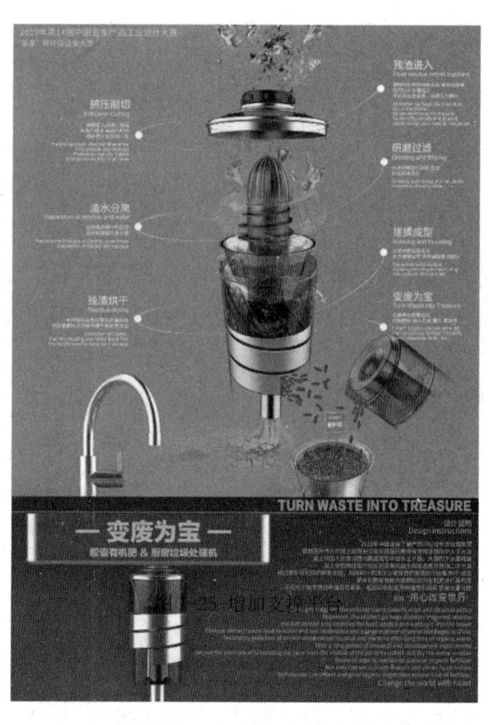

图 1-12　变废为宝厨房处理器展板

最后一张折叠式煎锅的设计展板(见图 1-13)展示了不同的使用状态和折叠细节,因此需要展示许多图像。主图主要由手柄折叠收纳状态和使用状态组成,展板上还有产品使用方式图示展示、包装对比图示展示等。为了方便展示,每个区域都分门别类地规划展示。字体设计方面同样遵循之前提到的原则。

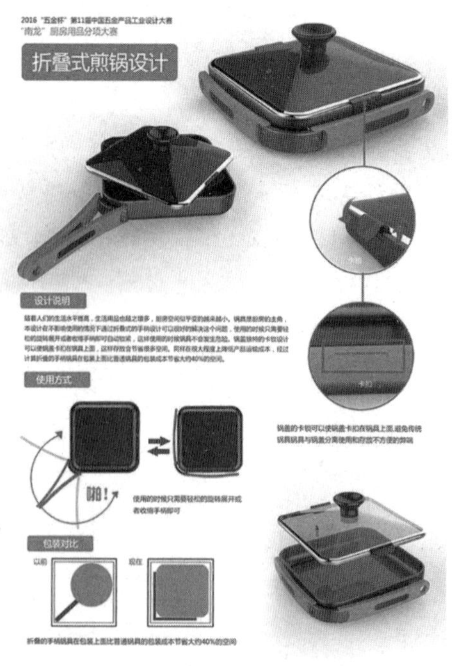

图 1-13　折叠式煎锅展板

1.5　任务实施

任务1:选择家电产品

一、任务思考

问题1:人们在购买产品时会如何选择呢?选择产品时考虑的因素有哪些?

______

问题2:你知道目前流行的家电产品有哪些?请至少列举3类家电产品。

______

问题3:你会选择哪一类家电产品?为什么?

______

二、思想提升

选择,对于每个人的意义都是非常重大的。上哪一所大学,学什么专业,养成什么习惯,找谁成为伴侣,做什么工作等都是每个人不断选择的结果。选择,意味着责任。一旦做出选择,就必须承担随之而来的一切结果。结合设计,每一次产品设计课程都会面临选择产品类别,每一次设计竞赛开始也会面临选择命题的抉择,设计中你将如何进行选题的选择呢?

三、任务实施

任务实施表如表1-2所示。

表1-2　任务1实施表

任务步骤	任务要求	任务安排	任务成果
步骤1 小组研讨	小组讨论研讨“活动思考”的三个问题。 确定小组选择家电产品的方向与类别。	具体活动1:研讨并记录问题答案。 具体活动2:研讨并确定小组选择的产品类别。	完成活动思考。

续　表

任务步骤	任务要求	任务安排	任务成果
步骤 2 查询设计资料	要求进入不同的设计网站进行资料查询，浏览 50 个以上的所选类别的设计作品，并将你认为优秀的设计作品保存在一个文件夹里，形成自己的资料库。	具体活动 1：优秀家电产品资料查询。 具体活动 2：优秀家电产品资料整理与保存。	完成资料的收集和整理工作。
步骤 3 选定家电产品	从浏览的 50 个以上的设计资料中选定一个产品，并记录产品的名称、类别与图片，要求小组成员之间选择的产品不能相同。	具体活动 1：小组成员展示其选择的产品。	完成优秀家电产品选择工作。

任务 2：观察与思考家电产品

一、任务思考

问题 1：什么是产品的创新点？

____

问题 2：产品的功能与形态哪个更重要？

____

问题 3：什么是设计思考力？

____

二、思想提升

观察，是有目的、有计划的知觉活动，是知觉的一种高级形式。观，指看、听等感知行为，察即分析思考，即观察不止是视觉过程，还是以视觉为主，融其他感觉为一体的综合感知，而且观察包含着积极的思维活动，因此设计观察中不仅要做到看，还要进行思考，想一想设计师为什么如此设计？

三、任务实施

任务实施表如表 1-3 所示。

表 1-3 任务 2 实施表

任务步骤	任务要求	任务安排	任务成果
步骤 1 案例研讨与记录	选择小组成员的一个优秀案例,进行产品创新点、造型、功能与细节的研讨。	具体活动 1:小组选择一个产品进行产品创新点、造型、功能、细节的研讨。 具体活动 2:小组成员记录产品的标题、创新点、功能与细节。	完成案例研讨记录。
步骤 2 小组分享	小组提交研讨结果,并选一名成员进行分享。	具体活动 1:小组分享研讨记录。 具体活动 2:小组优秀作品分享评价(教师点评、学生互评)。	完成小组分享。
步骤 3 制作观察与思考作业	每个同学完成优秀作品的观察与记录,并提交作业平台。	具体活动 1:学生做优秀作品分析作业。 具体活动 2:学生提交作业至学习平台。	完成作业。

【作业案例展示】

本案例展示了一款卓越的卷发棒设计作品,其设计结合了卷发棒产品特点,重点分析了用户安全性、产品结构、色彩搭配和外观人机符合性等方面。详细案例请扫描以下二维码查看。

卷发棒

任务 3:三维建模与渲染

一、任务思考

问题 1:为什么要进行产品的三维数字化表现?

____

问题 2:各小组最熟练的三维建模与渲染的软件是什么?

____

问题 3:三维建模与渲染最主要表达的内容是什么?

____

二、思想提升

产品三维可视化就是利用三维可视化技术，进行数据处理的虚拟化，将真实的产品、场景等通过三维建模制作成虚拟仿真的产品。通过三维产品可视化，可以将产品展示得更加清晰直观，提高信息传递效率。请各位同学仔细观察你所模仿的优秀作品，通过产品三维可视化设计，传达了哪些信息？

三、任务实施

任务实施表如表1-4所示。

表1-4 任务3实施表

任务步骤	任务要求	任务安排	任务成果
步骤1 制定计划	理解模仿产品的基本形体与细节，制定三维可视化的制作计划与步骤。	具体活动1：理解产品形体。 具体活动2：制定三维模型制作计划。	完成项目计划表。
步骤2： 三维造型建模	用设计类或工程类的三维软件，对产品外观造型与细节进行设计模仿执行工作。	具体活动1：学生进行产品三维形体建模。 具体活动2：教师与学生交流初步模型问题。 具体活动3：学生进行产品细节模仿建模。	完成产品三维数据模型。
步骤3 学习渲染方法	看视频，学习产品三维渲染表达的方法。 （见1.4.1三维渲染表达）	具体活动1：观看微课视频。 具体活动2：记录渲染要点与方法。	完成线上课程内容学习。
步骤4 产品渲染	用设计类的图形渲染软件，渲染表达出产品的材质、颜色、表面纹理等，制作产品创意设计效果图。	具体活动1：产品光影、材质、色彩设定。 具体活动2：渲染产品角度图。 具体活动2：渲染产品爆炸图。 具体活动2：渲染产品细节图。	完成产品渲染出图。

【作业案例展示】

本案例展示了几位同学制作的产品主图渲染效果，要认真观察主题背景的运用、构图、比例和细节表达，如孔、缝和表面纹理等。详细案例请扫描以下二维码查看。

几个产品主图渲染效果

任务4:展板设计与制作

一、任务思考

问题1:展板通常的尺寸有哪些?

____

问题2:展板的要素内容有哪些?

____

问题3:展板的排版设计有哪些原则?

____

二、思想提升

设计专业处处体现出美育,美育可以培养人的审美鉴赏力和创造力,促进德育和智育的实施和发展。展板设计需要考验学生的审美鉴赏力与运用能力,这需要学生多看好的作品,多思优秀的展板为什么好,才能提升审美鉴赏力,希望同学养成一个好习惯,多观察生活中美好的事物与美好的风景、美好的作品。

三、任务实施

任务实施表如表1-5所示。

表1-5　任务4实施表

任务步骤	任务要求	任务安排	任务成果
步骤1 微课学习	看视频,学习产品展板设计与制作的方法。(见知识准备1.4.2展板设计与制作)	具体活动1:观看微课。 具体活动2:记录展板设计与制作方法。	完成线上课程内容学习。
步骤2 展板布局	确定展板尺寸,进行展板布局,要求主次分明,重点突出,层次丰富。	具体活动1:学生确定展板尺寸与版式。 具体活动2:学生进行展板的内容分布设计。	形成展板架构图。
步骤3 展板排版制作	将展板主图、爆炸图、三视图、细节图合理地放置于展板架构图中,并进行效果调整。	具体活动1:进行展板内容整体设计。 具体活动2:优化展板内容设计效果。	完成展板内容设计。

续 表

任务步骤	任务要求	任务安排	任务成果
步骤4 展板细节制作	美化展板，让展板具有视觉冲击力，并展示丰富的产品内涵效果。	具体活动1：美化展板色彩设计。 具体活动2：美化展板字体设计。 具体活动3：美化展板中的点、线、面的协调感与层次感。	完善展板设计效果。

【作业案例展示】

本案例展示了几位同学制作的展板效果，要仔细观察布局、字体、细节图和爆炸图的设计。请扫描以下二维码查看。

几个展板展示

1.6 评价与总结

1.评价

项目评价表如表1-6所示。

表1-6 项目评价表

指标	评价内容	分值	自评	互评	教师
过程评价（50%）	能够通过自学线上资源，完成自测	5			
	能够合作研讨优秀产品特点	5			
	能够分工完成模仿产品的三维建模	5			
	能够分工完成模仿产品的效果渲染	5			
	能够完成课程签到	5			
	能够积极抢答老师的问题	5			
	能够积极参与小组研讨	5			
	能够分享模仿产品设计效果	5			
	能够修改迭代产品设计效果	5			
	能够帮助同组同学进行技能提升	5			
作品评价（40%）	选择产品具有美感与创新点	5			
	优秀产品的观察与思考记录完整	5			
	产品建模的形态、尺寸、比例、结构设计合理	6			
	产品三维效果表达出合理的颜色、材质、肌理、光感、环境	6			
	产品效果图内容完整(主图、爆炸图、细节图)	6			
	产品展板主次分明，重点突出，层次丰富	6			
	产品展板和谐统一，且具有视觉冲击力	6			
成长度（10%）	知识提升	3			
	能力提升	4			
	素养提升	3			

2.总结

项目总结表如表1-7所示。

表1-7 项目总结表

素养提升	提升	
	欠缺	
知识掌握	掌握	
	欠缺	
能力达成	达成	
	欠缺	
改进措施		

项目 2

新兴小家电产品创意设计

学习目标

【知识目标】

- 了解工业设计常见设计竞赛的类别与要求
- 懂得工业设计竞赛的设计流程与评审标准
- 掌握工业设计竞赛创新创意的方法

【能力目标】

- 能够组织团队参与一项设计竞赛
- 能够进行设计竞赛项目的创意设计
- 能够进行设计竞赛项目的设计表达
- 能够完成设计竞赛项目的投稿

【素质目标】

- 培养学生的创新创意能力
- 培养学生团队合作能力
- 培养学生协同创新的职业精神
- 培养学生精益求精的工匠精神

2.1 任务导入

项目2 工作任务书	
学习情境描述	以家电产品模仿项目为基础，选择一个创意设计竞赛项目，让学生进行真实的设计竞赛项目体验，以设计竞赛的形式促进设计知识的学习和设计技能的训练，并以团队竞赛的方式，促进团队合作，在比赛过程中形成“比学赶超”的氛围。
项目适用领域	①中国五金产品国际工业设计大赛(http://www.ykwjdesign.com)。 ②“山城大狮杯”消费用品原创设计(https://www.puxiang.com/subject/od-lion)。 ③浙江省工业设计大赛。 ④广东省长杯工业设计大赛。 ⑤金芦苇工业设计竞赛(http://www.goldreedaward.com/)。 ⑥“金紫荆杯”中国—东盟工业设计大赛(caidif.com)。 ⑦中国玩具和婴童用品创意设计大赛。 可以选择以上设计竞赛，但不限于以上竞赛。
学习任务	(1)查阅相关设计竞赛。 (2)选择一个设计竞赛，进行竞赛须知研讨。 (3)参加一项设计竞赛，并按时提交设计作品。
工作任务要求	任务要求：选择一个设计竞赛，明确竞赛要求，与委托行业竞赛的企业进行沟通，并完成参赛 任务形式：调研报告、设计方案PPT、设计展板、三维效果。 建议学时： 任务1：设计趋势分析　　2课时 任务2：设计调研分析　　4课时 任务3：设计方向定义　　2课时 任务4：创意设计构思　　4课时 任务5：创意设计表达　　4课时
工作标准	1.1+X产品创意设计等级标准(中级) ·根据项目要求完成市场调研分析及客户需求分析。 ·选择设计方向、制定产品整体方案。 ·用计算机辅助设计产品的造型和结构、研究和选择设计材料。 对接方式：三项工作任务分别对应证书标准，其中 工作任务1对应市场调研分析及客户需求分析。 工作任务2对应选择设计方向、制定产品整体方案。 工作任务3对应计算机辅助设计产品的造型和结构、研究和选择设计材料。 2.竞赛评审标准 (1)创新性 A、如何体现新颖性，在结构方式上有优良改进或者重大突破？ B、如何在应用方式上有新的理念和设计？ C、如何在体验方式上有更优良的设计？

续 表

项目 2　工作任务书	
工作标准	(2)实用性 A、如何在功能使用上有优良体现? B、如何在人机交互上有优良表现? C、如何操作便利? (3)美学 A、如何在外观设计风格上符合市场设计趋势? B、如何在 CMF 设计上有新颖性? C、如何在细节以及品质上有优良表现? (4)成本与制造 A、如何体现成本节约、经济性? B、如何体现制造上的可实现性、持续性? C、如何体现环保性? (5)社会与市场价值 A、如何洞察市场痛点及用户需求? B、如何解决市场及用户需求? C、如何为社会创造价值?

2.2　小组协作与分工

课前:请同学们根据六维专业能力(见图 2-1)互补原则进行分工,并在表 2-1 中写出小组内每位同学的专业特长和分工任务。

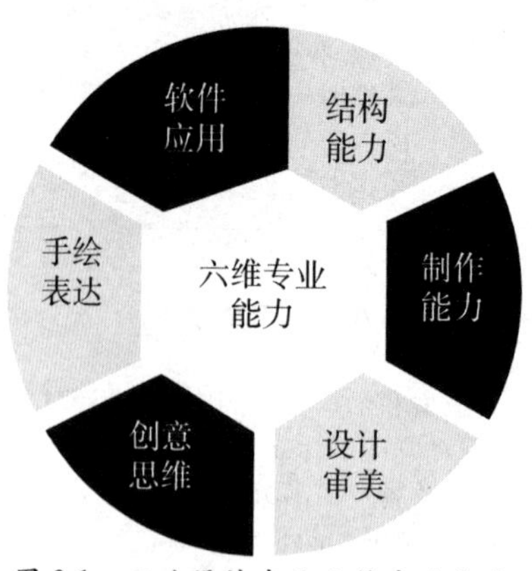

图 2-1　工业设计专业六维专业能力

表 2-1 成员分组表

组名	成员姓名	专业能力强项	专业能力弱项	任务分配

2.3 问题导入

仔细观察以下图片(见图 2-2、2-3、2-4),思考以下三个问题。

问题 1:新兴的小家电有哪些种类?

问题 2:新兴的小家电因何而兴起?

问题 3:新兴小家电的产品创意设计如何入手?

图 2-2 新兴厨房小家电

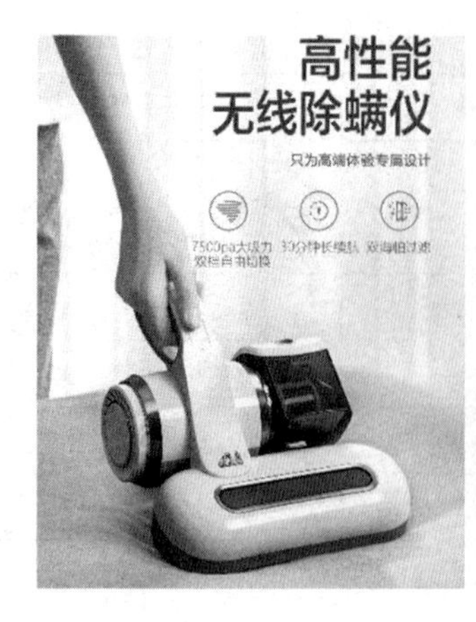

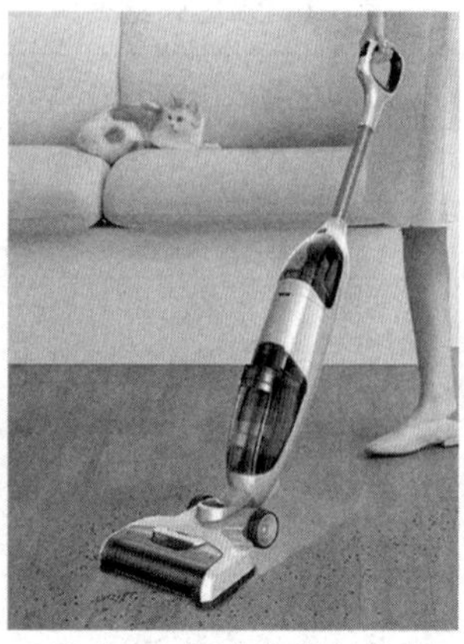

图 2-3　新兴家居小家电

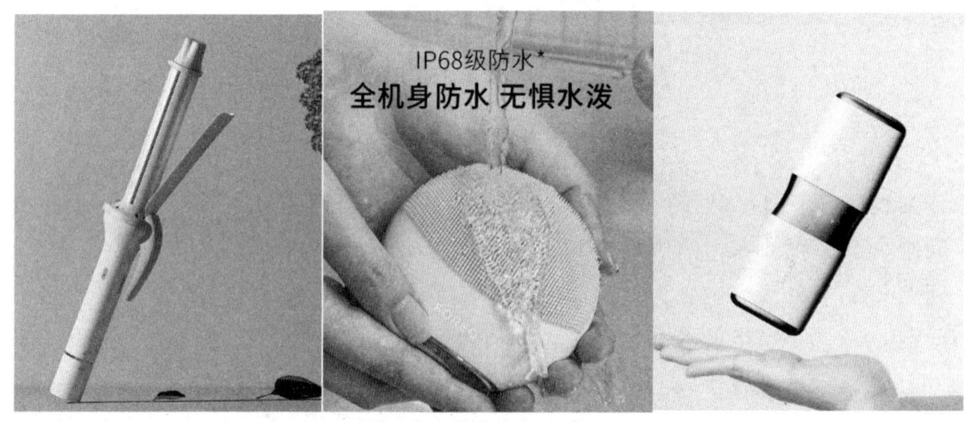

图 2-4　新兴个护小家电

2.4　知识准备——创意与方法

2.4.1　人性化创意设计方法

首先让我们思考下是什么引发了设计团队对飞利浦医疗环境的改变(见图 2-5)?

飞利浦医疗系统是世界顶级的三大医疗设备公司之一，也是医疗诊断成像和病情监控系统市场中的佼佼者。在一次设计医疗系统的过程中时，设计团队发现儿童或者心理压抑的人群，很抗拒脑部核磁共振检查，原因就在于检查时仪器所产生的尖锐鸣叫和头上佩戴的很紧的固定装置会让使用者产生不安、焦虑、恐惧等情绪，为了缓解这种情况，设计团队为儿童打造了一个轻松愉快的就医环境，通过设计游戏情景、播放音乐等方式，让整个检查过程在不知不觉中就完成了。通过案例可以发现正是出于对患者的关怀，设计团队对机器进行了人性化设计，让医疗环境得以改善。

人性化
创意方法

图 2-5 飞利浦医疗产品设计

1.设计大师的人性化设计观点

第一位是唐纳德·诺曼，他的设计心理学在设计界非常有名，他提出设计要富有情感化，产品要体现出可视性与易用性，他的设计经典案例是运用磁吸的原理让钥匙能更轻易地被拿到，同时在视觉上让人们一眼就知道产品的使用方式(见图 2-6)。

图 2-6 唐纳德·诺曼的设计

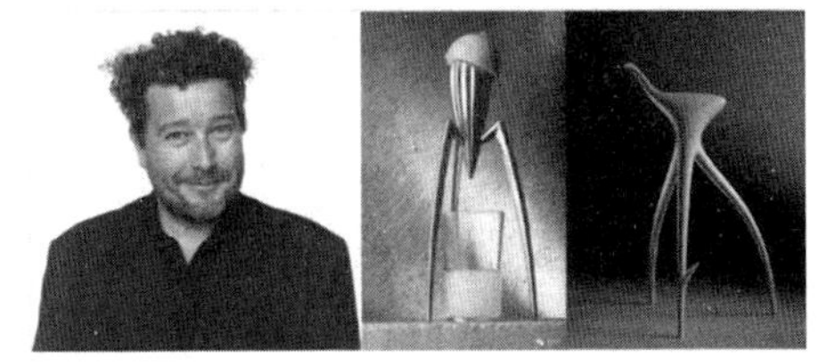

图 2-7 菲利普·斯塔克的设计

第二位是菲利普·斯塔克，他从人性的角度提出产品也有性别之分与生态之分，女性的产品就应该是曲线的、弧度的、优美的，男性的产品则是刚毅的(见图 2-7)。

第三位是乔布斯(见图 2-8)，他是以商业产品而出名，但他认为产品应该融入人的感性认识，因此其公司的产品都是融科技与美学于一体的产品，他的设计理念让苹果风行，成为一时的霸主，引领了一个时代的设计风格。

图 2-8 乔布斯的设计

对于这三位大师，他们的共同之处都是具有以人为中心的世界观，都体现出了关爱的设计态度，都是从人性化的角度进行创新改变。因此人性化的设计观指出，人是创新设计的起点，直接决定了设计的价值。人是获取用户需求，打造令用户满意的产品功能的主要要素。

2.人性化创新方向

(1)从人机工程的创新入手

人机工程学的关注焦点是系统中的人与物的关系。人机工程学的目标是人的效能和人性价值，从人机角度出发，更好地满足用户健康、舒适的生活追求。从人机工程的角度出发，设计一把可轻松转换坐站姿势的椅子，悬臂式旋转背部设计可以180°翻转(见图2-9)。该椅子除了无缝高度调节之外，气动弹簧还具有止动功能，当用户站立时，该椅子轴中的气动弹簧将椅子牢固地固定在地板上，用户可以靠在椅背上，以减轻站姿压力，达到更加舒适的目的。

图2-9　坐站一体的人机工学椅

(2)人机融合的创新设计

人机融合的创新设计主要表现为能够自主学习的智能产品，这类产品不仅可以检测、收集数据，还具有自我学习功能。如儿童智能检测设备根据宝宝的年龄监测宝宝的所有生命体征和环境的重要因素(心率、心房和心律失常问题、血氧、身体和环境温度、光线、声音和湿度、睡眠量)能够记录数据，进行自我学习，能够提醒宝宝药物的时间和剂量，在设备和应用程序上发布声音和灯光警报，并在出现异常情况时提醒父母(见图2-10)。

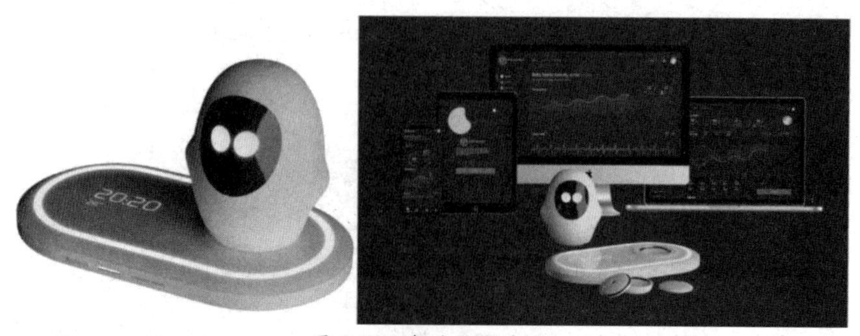

图2-10　智能检测产品

(3)人与环境融合的创新设计

大家先了解一个心理学的案例,有一个心理学家做了一个实验(见图 2-11),一个美女在一座吊桥与一座石桥上,向陌生男士发放自己的联系方式,然后统计陌生男士打来电话的数量,大家来猜一猜是吊桥上回电的男士多,还是石桥上回电的男士多?

图 2-11 吊桥实验

最后的答案是吊桥。为什么呢?因为吊桥的情境比较危险,当吊桥晃动的时候,人们的心跳也会跟着加快,这时候遇到给联系方式的美女,往往会让人产生错觉,以为这是心动,所以回访的电话会多。这也很好地解释了为什么恋爱时要去电影院或者有氛围感的游乐场,也就是为了在特定的情境渲染下,让人更容易产生心动的感觉。因此基于场景的设计是目前设计的一个主流方法与趋势。

人的需求分为初级、中级与高级,针对不同的需求会创造出不同的实物与服务,如互联网领域的服务设计:针对生理需求(如购物、外卖 App)、针对安全需求(如理财、医疗 App)、针对归属和爱的需求(如社交类微信)、针对尊重需求(如游戏排名、打赏、点赞等功能),这些属于较低层次需求。针对认知需求(如各种内容的付费产品)、针对审美需求(如一些音乐类、视频类服务)、针对自我实现需求(一些写作类产品),这些属于高层次的需求。因此我们产品设计创新需要围绕人的这些需求展开的。

2.4.2 组合设计创意方法

创造性组合思维能够对各种事物进行重新组合,从而催生新物,产生新意。大家可以发现在现实生活中有很多的组合设计发明,比如七巧板、组合玩具、瑞士军刀都是组合创新的典型案例(见图 2-12)。

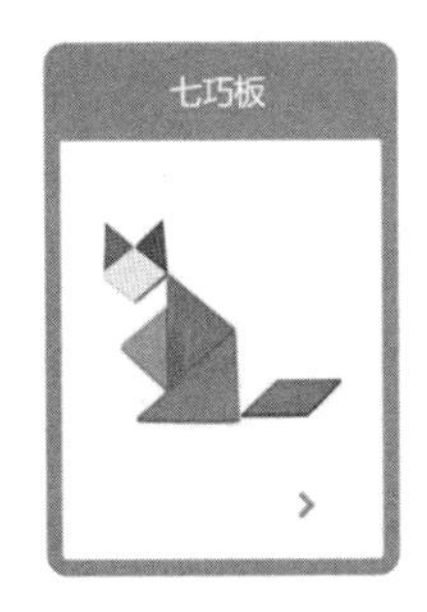

组合创意法

图 2-12 组合创意法应用

组合设计古已有之,在我国,人们出于对大自然的崇拜与五谷丰登的美好愿望,在心中构造了一种拥有马头、鹿角、蛇身、鱼鳞、鹰爪、鱼尾等特征的神兽，并赋予它善变化、兴云雨、利万物的神力，这就是中国的龙(见图 2-13)。龙经过历代人民的不断美化和神化，终于演化成为中华民族独特的徽记。

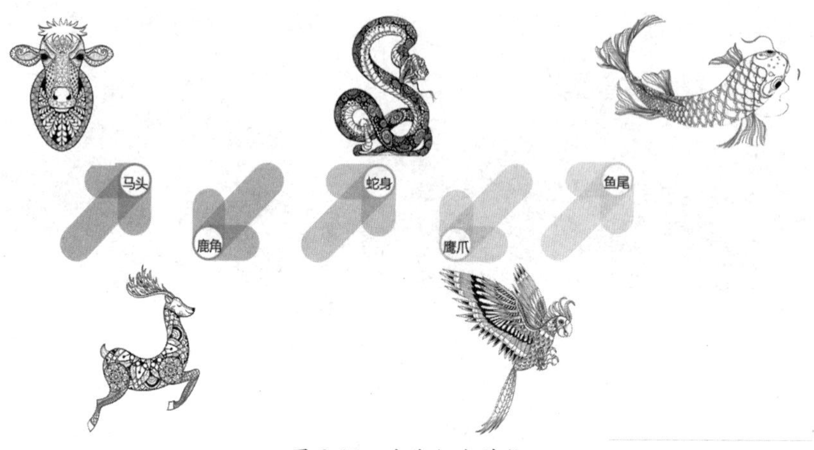

图 2-13 古代组合神物

1.组合的形式

组合形式可以分为功能组合、形态组合、色彩组合、情境组合、技术组合等类别。我们来看下具体案例：

请同学在图 2-14 中任选 2～3 种物品进行组合设计，大家有时会发现在组合设计时会觉得某些搭配看起来不合理，其实，在这种不合理中却融进了创造性的想象，能在新异中开辟出一片创造思维的新天地。

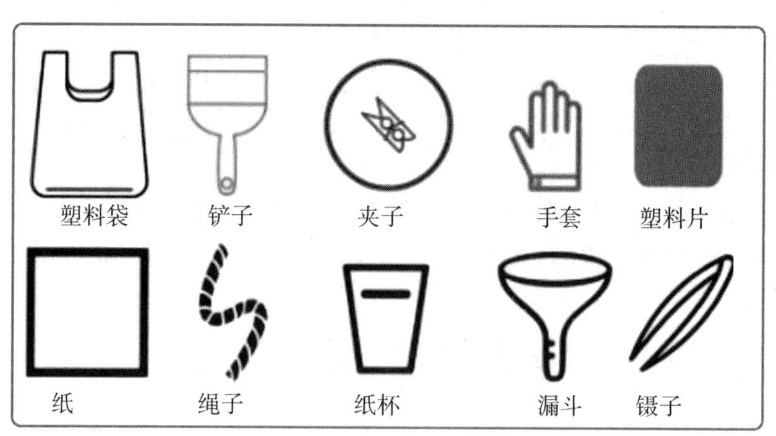

图 2-14 挑选小物品

下面展示下各组同学的实践成果：

• 方案1：杯子＋铲子变成了可以铲的杯子(见图2-15)。

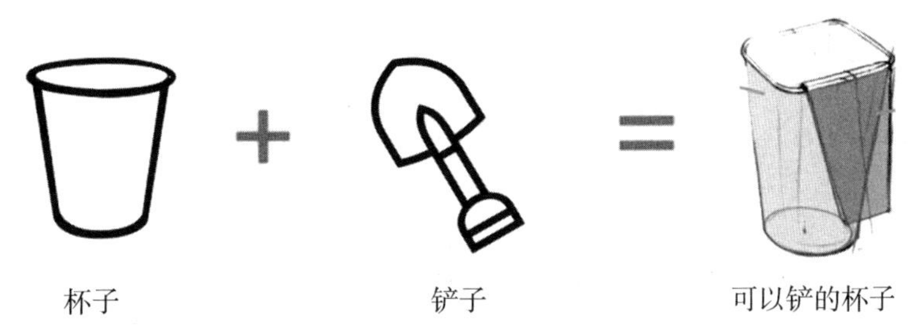

图2-15 组合创意1

• 方案2：漏斗＋袋子＋铲子变成了先铲后收的袋子(见图2-16)。

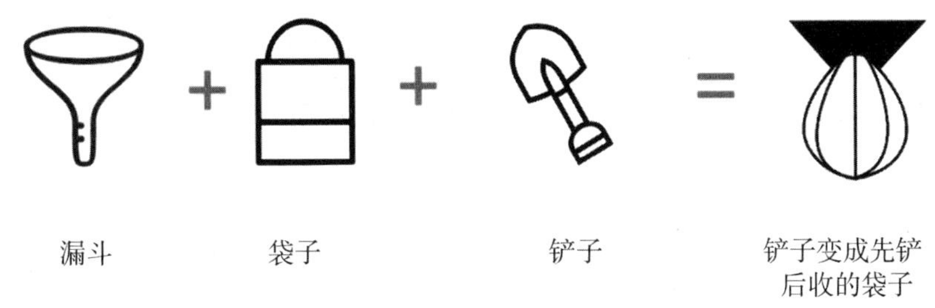

图2-16 组合创意2

• 方案3：纸片＋切割线＋塑料膜变成了可以夹起并收纳的容器(见图2-17)。

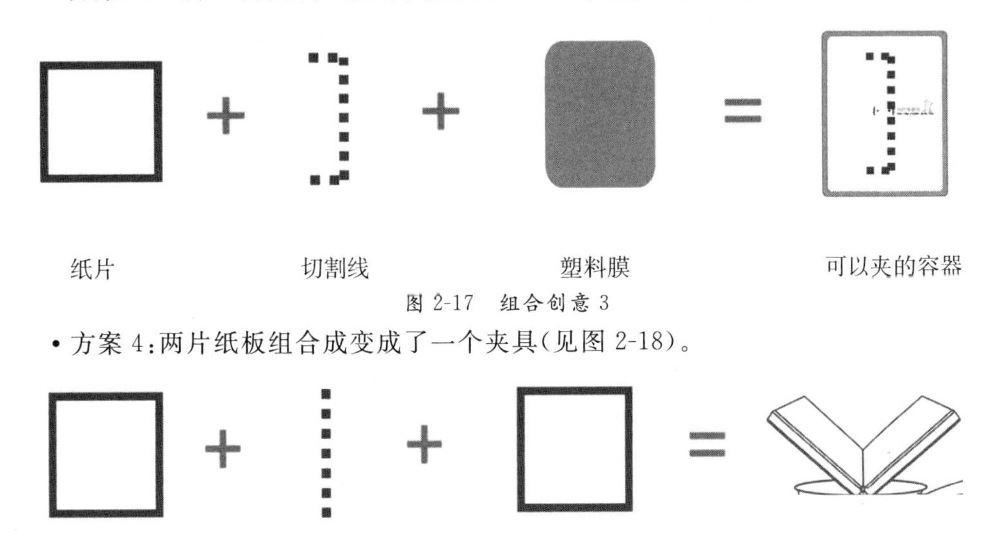

图2-17 组合创意3

• 方案4：两片纸板组合成变成了一个夹具(见图2-18)。

纸片　切割线　纸片　夹具

图2-18 组合创意4

如以上所示的巧妙组合，在生活中多加发掘、训练，必定会有意想不到的收获，一个个创意的设计，一件件新异产品，也许就随之诞生。

2.4.3 同理心设计创意方法

1. 同理心的重要性

图 2-19 展示了 IBM 的多个设计思维方法，其中一项就是同理心图，其在企业产品创新或服务创新中的应用非常普遍。

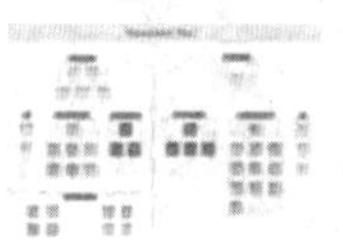

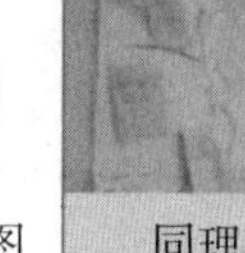

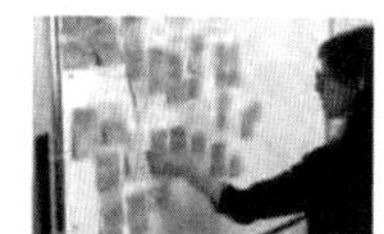

图 2-19　IBM 设计思维方法

下面用一分钟的时间，我们来测一测你的同理心，大家来看这几张图片（见图 2-20），看完之后你有什么感受？

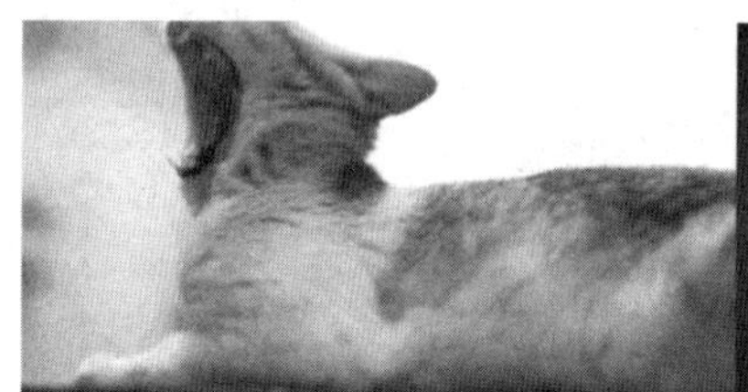

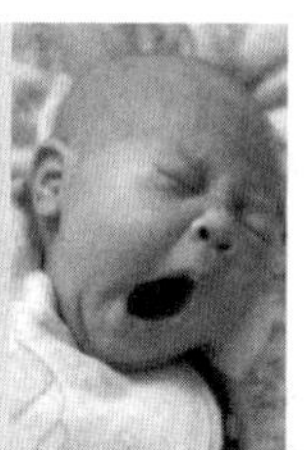

图 2-20　同理心测试

有多少同学产生了同样的感受：非常困，想打哈欠？如果你在一分钟内就产生了这种感受，说明你的同理心还不错。

那么同理心与同情心之间有什么区别？同理心激发连接，同情心造成疏离。同理心要做到换位思考，感受他人的情绪，不评判他人，一般回答别人的问题是以“至少”为开头。

同理心（Empathy），亦译为“设身处地理解”“感情移入”“神入”“共感”“共情”。泛指心理换位、将心比心。亦即设身处地地对他人的情绪和情感的认知性的觉知、把握与理解。同理心主要体现在情绪自控、换位思考、倾听能力以及表达尊重等与情商相关的方面，是情商的重要组成。

在同理心中我们看到情绪的连接是第一位的，有句话叫做“动之以情，晓之以理”（见图 2-21），从这句话中可以看出，当出现矛盾时，首先要解决的是情绪问题，当情绪平稳下来之后，再考虑的是讲道理。这在我们的生活中是非常适用的，比如夫妻吵架，同学闹矛盾，第一步不是与对方讲道理，而是需

■ 情绪的连接是第一位

动之以情

晓之以理

图 2-21　同理心的核心

先关怀双方的情绪。

2.同理心情景案例

情景:某顾客想买到非常急需的零配件,但目前这个配件已经缺货。

第一个情景:顾客说:“我想今天得到那个小配件”。客服说:“对不起,星期二我们就会有这些小配件。”客户说:“我很急,我今天就需要它”。客服说“对不起,我们的库存里已经没货了。”客户说:“我今天就要它”。客服说:“我很愿意在星期二为你找一个。”

第二个情景:顾客说:“我想今天得到那个小配件”。客服说:“对不起,星期二我们就会有这些小配件,你觉得星期二来得及吗?”客户说:“星期二太迟了,那台设备得停工几天”。客服说:“真对不起,我们的库存里已经没货了。但我可以打电话问一下其他的维修处,麻烦你等一下好吗”? 客户说:“嗯,没问题”。客服说:“真不好意思,别的地方也没有了,我去申请一下,安排一个工程师跟你去检查一下那台设备,看看有没有别的解决方法,你认为好吗”? 客户说:“也好,麻烦了。”

从以上两个情景的对话中我们发现情景二的客服与情景一相比较,增加了安抚客户的情绪的语言与一些解决问题的小努力,让客户的情绪得到舒缓。

3.同理心地图法

同理心地图是对“用户是谁?”的一种可共享的可视化,运用同理心地图可以帮助设计师了解他的用户(见图 2-22),同理心地图的左边是观察所得,右边是推断所得,这个地图分为四个象限。

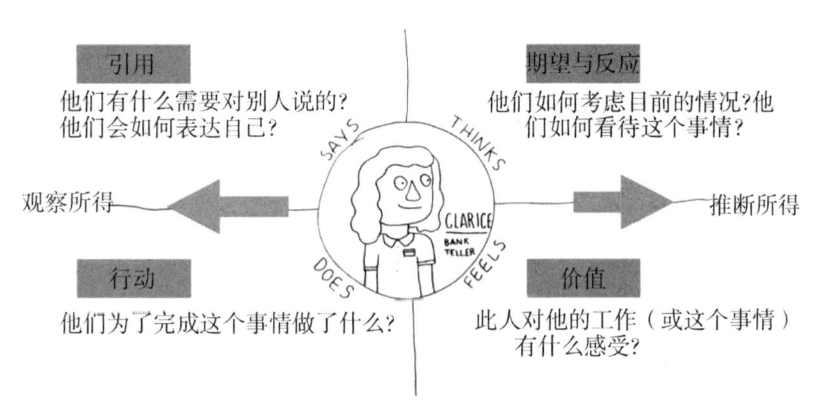

图 2-22 同理心地图

第一个象限是用户说的是什么,他们有什么需要对别人说的? 他们会如何表达自己? 第二象限是用户做了什么,我们可以观察他们为了完成这个事情做了什么? 第三个象限是用户的想法,想一想他们如何考虑目前的情况? 他们如何看待这个事情? 第四个象限是用户的感受,通过体验知道用户对这个事情或事物有什么感受?

如图 2-23 所示是同理心地图的一个应用案例:这是一个儿童去医院做 CT 的体验情景。儿童说:“爸爸、妈妈,我不要进去。”儿童做了哪些事情? 如儿童哭、乱动还有紧张。这些行为的背后,儿童真实的想法是,“爸爸妈妈要把我送到哪里? 他们是不是不要我了?”在第四个象限反映出儿童的真实感受。

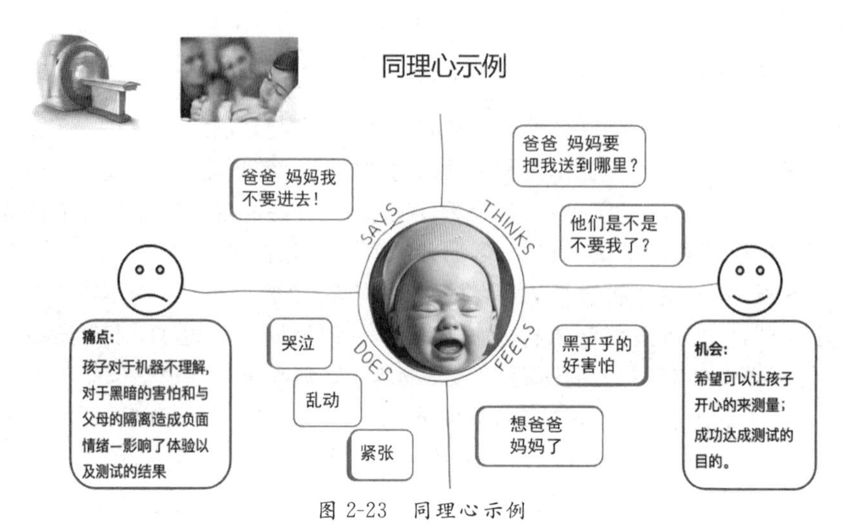

图 2-23 同理心示例

从这张同理心图，可以发现用户的痛点是：孩子对于机器不理解，对于黑暗的害怕和与父母的隔离造成的负面情绪，通过分析，设计师找到机会是：希望可以让孩子开心地来测量，成功达成测试的目的。

经过同理心地图的分析，儿童 CT 机被设计改变成了一个童话故事场景，CT 机变成了潜水艇，病房变成了海底世界，来的小朋友不再哭闹，而是开开心心地完成了测试(见图 2-24)。

图 2-24 儿童 CT 机创意设计

2.4.4 设计定位

设计定位

设计定位是对新产品的风格、品牌、人群、功能、市场等进行准确的定义。设计师需要围绕准确的设计定位进行设计，因为设计定位就像是为设计指明了方向，而方向若错了，后续的工作将变得毫无意义。因此，设计定位是创新设计的核心所在。设计定位可以从以下几个方面入手。

1.定义品牌新形象

为品牌产品定义新的形象，需要从造型的角度出发，改变传统特征并重新设计新的造型语言以突显品牌的新形象。

2010 年集成灶市场的传统产品形象主要为简单几何体的燃气灶和消毒柜组合(见图 2-25)。在新的 IF 奖获奖的集成灶产品形象中,通过重新定义集成灶的形象,传统的形象被改变为美妙的帆船弧线设计。该弧线让产品的吸烟效果更好,还能够进行 20°的角度调节(见图 2-26)。

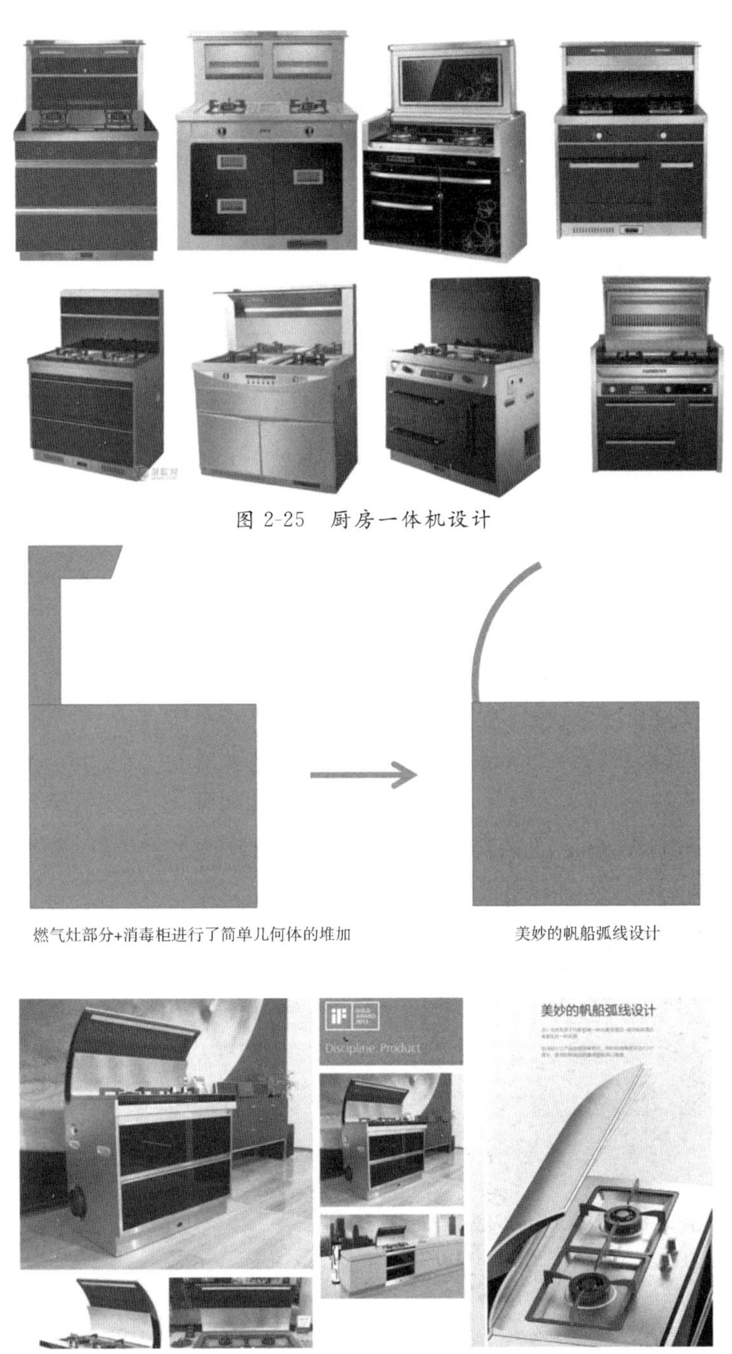

图 2-25　厨房一体机设计

图 2-26　集成灶新形象设计效果

2.定义差异化的用户群

苹果的用户群被定义为“时尚”,所以苹果公司深知美学对于品牌的重要性。在1998年,乔布斯认识到苹果产品看上去已经过时。于是,他召开了一次苹果公司的会议并提出了一个问题——苹果产品的不足在于缺少美学的因素,因此,在推出苹果手机时,苹果公司引领了手机行业的新美学,开创了新的时代。

为寻求差异化竞争,小米公司的用户群被定义为“务实”,因此,在小米公司生态系统中的产品,80%的要素是满足“广泛刚性需求”的要求,剩下的20%则包括性价比、智能、外观和人性化等其他方面的要素。如图2-27中米家的家用电器产品,拥有简约的设计和极高的性价比,其目的在于满足“广泛刚性需求”,这也让小米的产值能够保持持久、快速的增长。

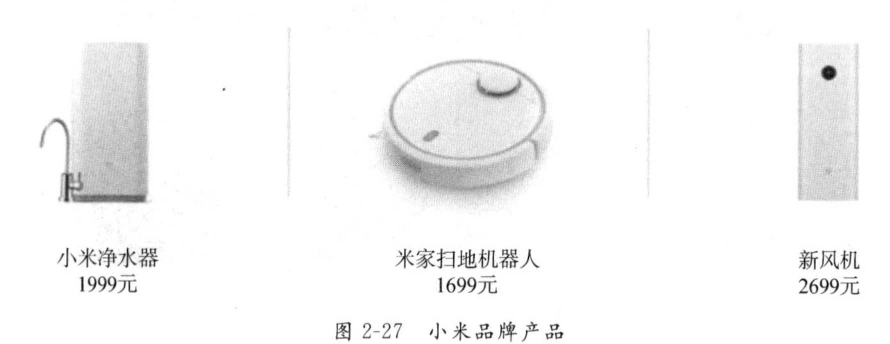

图2-27　小米品牌产品

3.定义新的生活方式

微信是改变生活方式的一个例子,每天不打开微信,就会感觉生活不完整,微信已成为生活中不可或缺的工具之一。此外网络购物改变了传统的商场购物习惯,支付宝改变了传统的付现金习惯,视频会议则改变了传统面对面开会的工作方式。

如果一个新产品可以改变人们的生活方式并提高生活与工作效率,那么它就是一个创新的产品。比如扫地机器人这个产品,它改变了人们传统亲自清扫的习惯。目前,基于互联网背景开发的米家扫地机器人更实现了远程控制,可让用户随时随地指定任何区域进行清扫。这是一个具有创新意义的产品(见图2-28)。

图2-28　扫地机器人

4.定位产品核心价值

市场上的产品种类繁多，雷同化现象严重，特别是传统家电产品市场已非常成熟。如果家电产品没有突出的亮点或自身的核心价值，后期产品在市场竞争中将处于劣势。因此，定义产品的核心价值对于树立企业在全行业中的独特性非常重要。

以厨电领域的油烟机为例(见图2-29)，产品要如何找到自己的核心价值呢？尽管它们都是抽油烟机，但一些品牌会将产品的核心价值定位为大吸力。在产品造型设计过程中，第一类的油烟机产品会选择倒三角形态以传达大吸力的感觉。第二类的油烟机产品特征在于宣传产品的整体性。第三类的油烟机产品特征从人机交互的角度宣传安全不碰头的细节。第四类油烟机产品特征则宣传了更彻底、更方便的近吸概念。未来作为家电设计师，我们需要进一步挖掘油烟机产品设计的核心价值。

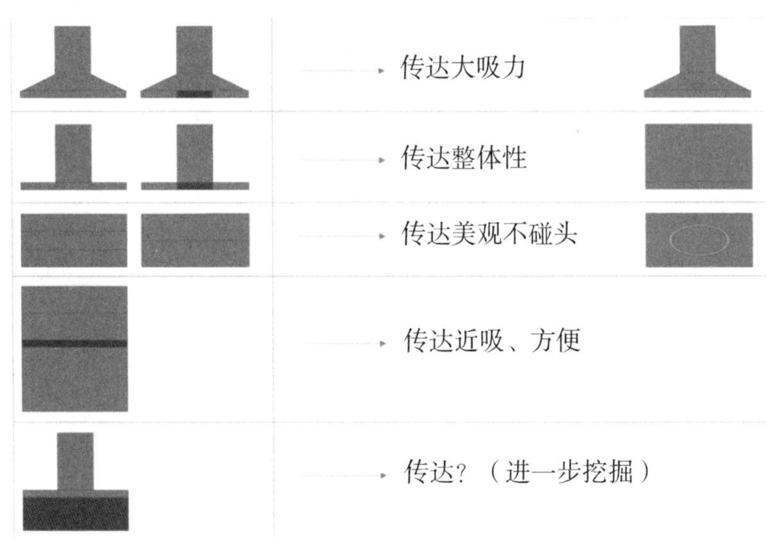

图2-29 集成灶的核心价值

2.4.5 产品意向图

产品意向拼图

在造型设计中，设计师通常会采用提取意向图元素特征的方法进行设计。如果我们要设计一款运动型音箱，首先需要明确产品的定位和使用方向，并确定使用的造型元素，然后再筛选适合的意向图进行元素特征的提取和运用。在产品意向图素材收集过程中，要确保所选素材与设计任务相关，避免出现产品概念相似或雷同的情况。此外还需要对产品意向图素材进行直观易懂的描述，运用形容词如硬朗、科技感、简洁等来表现产品意向图的感受。

1.产品意向图的类型

第一种是萌趣化方向。图2-30是一个开水机，它将传统的烧水壶造型变成了一个仿生形态，加入了可爱的猫咪元素，营造出了萌趣可爱的氛围。图2-31是一个公用的租赁充电宝，它的外形类似于我们小时候喜欢吃的冰棒盒，每次使用就会想起小时候吃冰棒的快乐经历，整体形象十分萌趣可爱。

图 2-30　萌趣饮水机设计

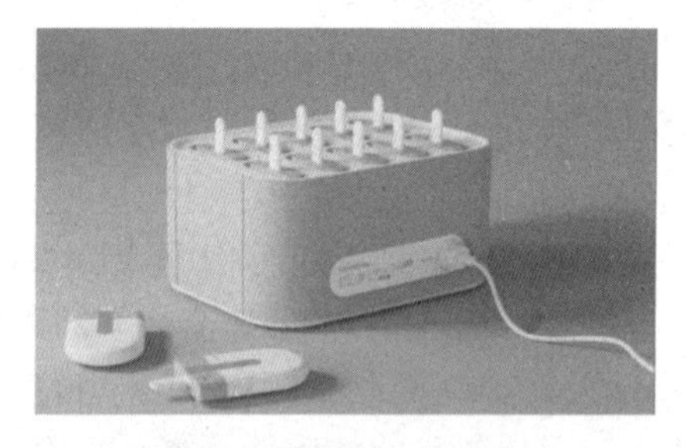

图 2-31　萌趣充电宝设计

第二种风格是潮玩风。针对Z世代独特的文化消费需求，潮玩文化成了年轻人特有的消费标签。这种风格包含了设计、审美、艺术和文化的价值，整体形象也充满了潮玩的元素。这种风格为我们提供了强大的品牌新概念，如剃须刀的设计（见图 2-32），经历了一次美感的重新审视和全新升级。对于年轻人而言，剃须刀不仅是工具，更是玩具。设计师为这款剃须刀设计了精致迷你的机身、潮酷系列的色调，以及富有细节感的工艺。此外，时尚画报风格的说明书和图解，精美的插图设计以及潮流实验室风格的包装，都让这款剃须刀散发着满满的潮感，绝对能够让你成为整条街上最靓的仔。

图 2-32　潮玩剃须刀设计

第三种风格是潮酷、硬核和个性化。如脱毛仪的设计（见图 2-33），打破了脱毛仪在大众视野中的单一形象，与重量级品牌兰博基尼联名，采用了兰博基尼独特的楔形车身设计，突出了产品的个性、叛逆、先锋和超凡的风格特点。设计师提炼出了兰博基尼经典的流畅型腰线设计和凹凸设计，展现了产品独特的风韵。在色彩方面，使用了流金元素，强调了机身金属质感。结合当下流行主色系，精准定位于年轻高端人群，用视觉语言生动地呈现了对生活的洞察。

第四种风格是复古、轻奢。它传递出了一种唤醒情感的温度。举例来说，收音机在过去是一种非常普遍的物品，但现在很多年轻人并没有使用过它，特别是 95 后。因此，收音机本身就成了一种具有情感和复古代表意义的符号，就像玛丽莲·梦露的形象一样，这款收音机最大的设计亮点在于其复古的外观和情感唤醒的特性，不仅能够满足自由更换外壳、随意组合的多元需求，而且回味了 20 世纪 60 年代经典，并给年轻人带来了无限的想象空间（见图2-34）。

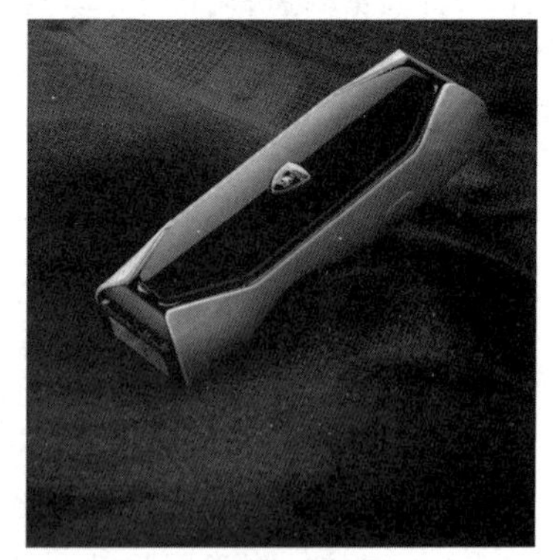

图 2-33　潮酷脱毛仪设计

图 2-34 复古音箱设计

第五种风格是国风与美学的结合。近两年，在激烈的彩妆竞争中也掀起了一波国货美妆风。如何实现深度和新颖的交融，以及多元的表现形式呢？比如香囊口红的设计，口红外壳以东方香囊为灵感，并结合了传统的“中国结”祥纹设计，传承了东方古典文化之美，来展现当下的复兴文化(见图 2-35)。

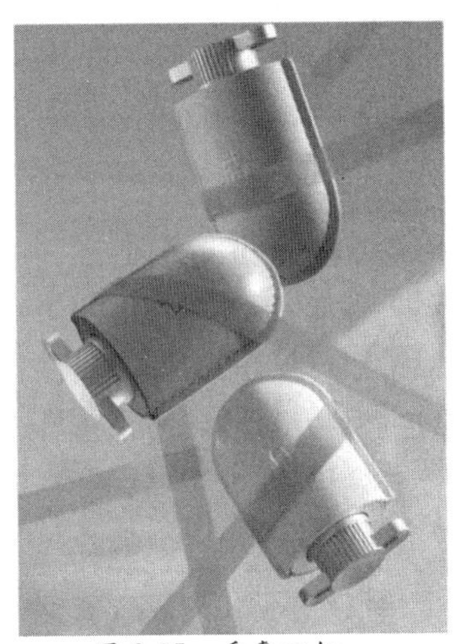

图 2-35 香囊口红

第六种风格是简约却不简单，看起来简单明了，但却在细节上有所体现。目前市场上产品主流造型都以简约的几何体为主，仔细观察可以发现设计师在细节上进行了许多尝试，如浅浮雕效果的 LOGO、丝印图标和装饰线的表达，以及散热孔线的巧妙运用，在简约的基调下，也实现了独具特色的设计效果。

2.产品意向图的运用

运用产品意向图设计产品的过程中，我们需要遵循以下三个步骤：

首先，针对产品的定位方向寻找合适的意向图，例如对于运动型音箱，应该寻找与运动相关的有动感的意向图。

其次，对意向图进行深入分析和观察，找到其独特的特征点，并提取出一个特征元素。

最后，选取意向图中的特征线，将提取的线条进行变形，可以从正视图或侧视图等不同角度开始推敲，最终推导出产品的整体造型。在此过程中，需要注意形态、色彩、光影、材质等语言的传递，同时考虑形式美学的应用以及产品功能等细节推敲。如果只是单一考虑形态的传达，设计就会显得空洞无力。

2.4.6 产品动画设计表达

动画设计表达

产品动画是一种与以往对产品的解释完全不同的方式，它运用计算机图像处理和三维合成，从三维的角度对产品进行更直观的解析。其主要目的是将已有的产品属性展示给用户，让用户更好地了解和接受产品，通过一系列技术手段将产品以最美的状态呈现给用户。

产品动画主要由四大构成要素组成。首先是模型。模型的好坏程度在产品视觉表现中是最重要的一环。无论是机械仿真还是影视动画，模型都是所有视觉表现中最为核心的部分。其次是场景。在具有美观模型的基础上，辅助场景起到衬托模型的作用，与二维平面的背景有着同样的效果。第三是光线。在三维数字化场景中，光线将影响着模型、场景、材质等任何可见的物体，其强弱、色彩将直接决定着产品展示的成败。最后是材质。产品由不同的材料构成，在三维场景中模拟这些材质需要对色彩、纹理、光滑度、反射率、透明度等进行设计与处理。材质表现是产品是否表达出效果的关键因素，可以提升产品的品质效果。

1.产品动画的作用

产品动画在产品设计中的运用有着深远的意义，其带来的价值也是不可估量的，主要表现在以下几个方面：

首先，缩短产品周期。计算机技术与动画技术以及产品设计领域的结合，使得很多产品的数字模型代替了传统的模型。全方位的三维动态演示及推敲在一定程度上代替了传统的实物模型验证，多角度、全方位地展现出产品的效果、产品使用方式等信息，缩短了产品开发周期，大大提升了产品的市场竞争力。

其次，减少资源浪费，降低开发成本。由于运用三维动画技术，减少实物模型的制作，节约制作模型的费用，减少了模型材料的浪费。

最后，产品展示更直观，增强了产品与人的互动，突出了产品特性。通过产品三维虚拟展示，用户可以更方便、更直观地了解产品相关细节以及产品部件。

2.动画制作思路

在进行产品动画制作时，主要包括三个步骤。首先，需要想好动画的实现过程，设计出动画路径，例如平移、旋转、拉近、拉远等（见图 2-36）。根据实现路径，需要进行 Rhino 文件设定和 KeyShot 动画面板设置，为旋转体添加旋转轴，让物体围绕此轴进行旋转（见图 2-37）。

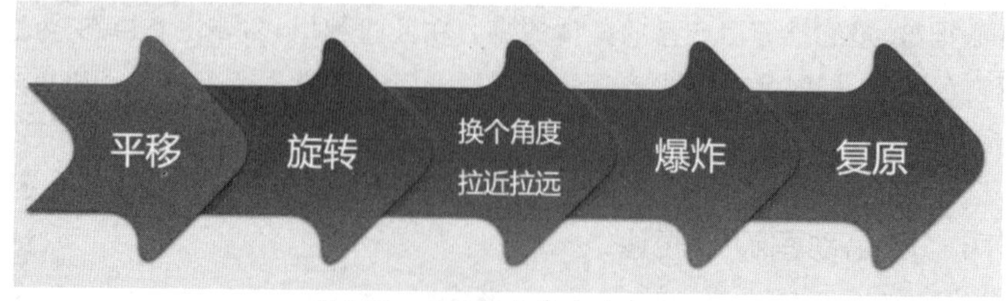

图 2-36　设计你出你的动画路径

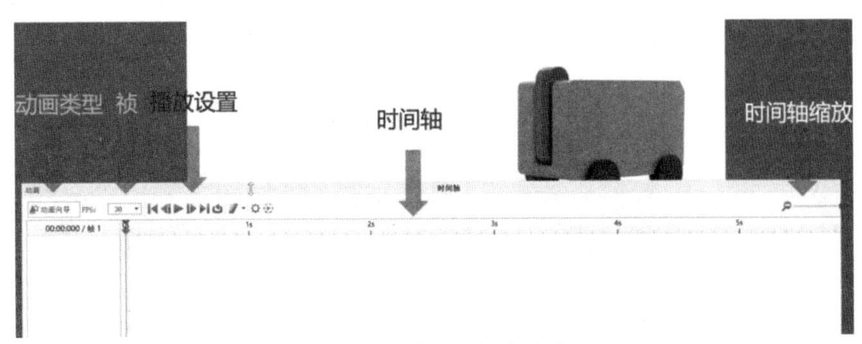

图 2-37 动画面板的设置

其次，针对动画面板的设置，需要找到动画面板的图标，清晰地调整动画类型选择、帧数、播放设置、时间轴以及缩放等。选择模型部件动画中的平移、旋转，选择需要动的部件，设置动的方向及时间。设定完所有动画后，可以在动画导航条的时间轴上查看完整的动画效果(见图 2-38)。

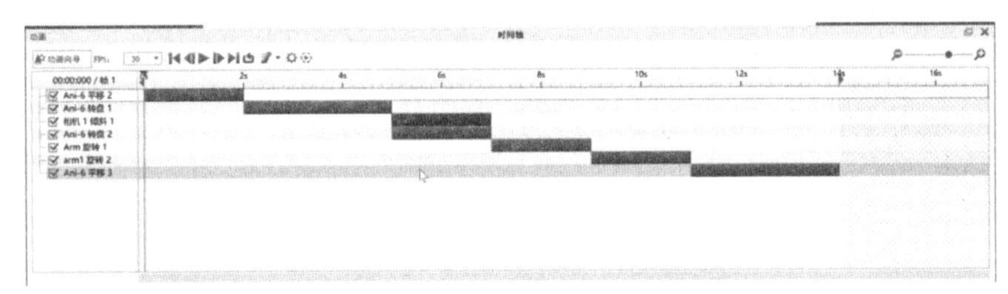

图 2-38 动画时间轴展示效果

最后是对输出的动画进行剪辑配音。常用的剪辑软件有剪映和 Premiere。在新建序列时设置参数，将各个分镜特效图片序列和需要添加的素材导入软件中，按照分镜头顺序排列分镜，为分镜头添加转场。最后为整个动画添加音效，播放动画时根据音效的起伏略微调整分镜头的长短，调整好后设置视频输出路径和输出编码格式，完整的产品动画制作完成。

未来，在设计行业中，三维动画仿真技术将会有广泛的应用前景。在制作家电产品动画方面，这种技术不仅有必要，而且具有实际价值。随着技术的不断进步，家电产品动画将会有更为广阔的发挥空间。同时，三维仿真动画的创作技法也将与时俱进，不断创新。关于如何将家电产品与仿真动画技术相融合的其他方式，仍需要后续研究者的持续跟进。

2.5 任务实施

任务1:设计趋势分析

一、任务思考

问题1:一般设计竞赛会有多个选题,你是如何思考选题的?

____

____

问题2:你认为社会、企业等机构组织设计竞赛的目的是什么?

____

____

问题3:你认为当今世界、国家、社会中有哪些问题是需要解决的?

____

____

二、思想提升

趋势,意思是事物或局势发展的动向。我们必须明白每个人都是社会的一员,个人的努力如果符合趋势的潮流,那么我们往往会事半功倍,而如果不符合潮流趋势,我们会特别辛苦。比如柯达相机,因为没有把握趋势,错过了数码相机的浪潮。即使他们投入再多的钱去研发,开设了成千上万个网店卖柯达相机,但是潮流的趋势就是数码相机逐步取代了打印相机。这告诉我们,如果我们想要让努力更有价值,首先我们必须知道风向在哪里。

三、任务实施

任务实施表如表2-2所示。

表 2-2　任务 1 实施表

任务步骤	任务要求	任务安排	任务成果
步骤 1 小组研讨	小组分工收集“中国产业发展变化 50 年”等趋势资料，并就当代世界国家、国家、社会发展的一些趋势进行研讨。	具体活动 1：研讨并记录问题。 具体活动 2：进行小组调研分工。	完成小组趋势资料收集。
步骤 2 学习 PEST 分析方法	学习 PEST 每个字母代表寓意，运用 PEST 问题分析工具制作小组设计趋势报告。	具体活动 1：学习 PEST 分析方法。 具体活动 2：讨论 PEST 分析案例。 具体活动 3：小组分工制作 PEST 分析报告。	完成小组 PEST 分析报告。
步骤 3 设计趋势分享	各个小组之间互相分享设计趋势，实现小组之间互相学习。	具体活动 1：小组成员汇报设计趋势。 具体活动 2：教师与学生讨论趋势的方向。	完成设计趋势分享。

【作业案例展示】

此案例采用 PSET 分析工具，重点分析了政治、法律、社会和技术发展对产品设计的影响，展示了设计趋势的分析结果。请扫描以下二维码查看。

PSET 设计趋势分析

任务 2：设计调研分析

一、任务思考

问题 1：各小组同学知道知名的企业都是从哪些方面进行调研的吗？

____

____

问题 2：小组同学将如何进行调研分工？

____

____

问题 3：调研报告主要包括哪几个部分？

____

____

二、思想提升

实事求是坚持一切从实际出发，是我们想问题、做决策、办事情的出发点和落脚点。做设计调研的根本目的就是找到人们生活、生产、生命健康中的真正问题，以实事求是为标尺开展工作从而去解决它。

三、任务实施

任务实施表如表 2-3 所示。

表 2-3 任务 2 实施表

任务步骤	任务要求	任务安排	任务成果
步骤 1 研讨设计调研案例	学习智能技术与人、事、物、场的调研。	具体活动 1：小组学习如何开展设计调研。 具体活动 2：研讨设计调研案例——三得利（筷子大作战案例）。	完成微课学习。
步骤 2 实施设计调研	小组合作完成调研报告制作要求： （1）页数：25～30 页； （2）封面、封底制作精美； （3）调研内容模块包括： • 聚焦用户调研生理与身体特征； • 用户的痛点、痒点、爽点调研； • 以往的相关设计案例与资料调研； • 产品的具体适用场景调研。	具体活动 1：小组分工进行调研。 具体活动 2：小组整理设计调研资料。	完成设计调研报告。
步骤 3 分享调研报告	各小组汇报设计调研报告。 要求：时间 5 分钟讲解清晰。	具体活动 1：小组汇报调研报告 具体活动 2：教师与学生点评各小组设计报告	完成设计调研分享。

【作业案例展示】

此案例从市场趋势分析、用户分析和竞品分析三个角度进行设计调研，运用多种工具如用户画像、用户体验地图和产品矩阵图，全面呈现了调研结果。请扫描以下二维码查看。

早餐机设计调研报告

任务3:设计方向定义

一、活动思考

问题1:你认为设计定位是什么?

____

____

问题2:你知道小米产品的设计定位是什么吗?

____

____

问题3:各小组的调研结果是如何转化为设计定位的?

____

____

二、思想提升

设计方向定义即设计定位是指目标明确的设计,解决构思方法问题的设计。设计定义明确了产品的基调,产品的创意机会点,其定位包括用户定位、功能定位、风格定位以及产品创新设计的机会点与策略。设计定位不是空穴来风,而是依据设计调研而产生的,需要有理有据。

三、任务实施

任务实施表如表2-4所示。

表2-4 任务3实施表

任务步骤	任务要求	任务安排	任务成果
步骤1 用户痛点与机会点研讨	各小组围绕产品的用户痛点研讨,准确找出设计机会点。	具体活动1:各小组围绕设计项目列举用户痛点3~5个。 具体活动2:各小组研讨项目设计机会。	完成用户痛点挖掘。
步骤2: 学习微课设计定位	学习微课:设计定义,并梳理出设计定位的思路(见知识准备2.4.4设计定位)。 设计定位	具体活动1:各小组学生学习微课。 具体活动2:记录设计定位的五条创新思路(用户定位、情境定位造型定位、功能定位、风格定位)。	完成设计定位新知识学习。

续 表

任务步骤	任务要求	任务安排	任务成果
步骤 3 描述项目设计定位	设计定位描述包括产品名称、产品的主要功能、产品的创新点等,如一种去味分类智能垃圾桶设计;一种智能折叠药瓶设计。	具体活动 1:小组头脑风暴项目定位。 具体活动 2:小组研讨并确定合理的设计定位。	完成项目设计定位。

【作业案例展示】

此案例展示了项目定位常见的形式,包括功能定义、视觉定义、材料与工艺定义和设计创新策略四个方面,帮助设计师准确定位项目。请扫描以下二维码查看。

常见项目定位

任务 4:创意设计构思

一、任务思考

问题 1:请提出至少 3 种常用的创意发散方法?

____

____

问题 2:你知道创意方案常用的表达工具有哪些?

____

____

问题 3:创意构思方案需要表达出哪些内容?

____

____

二、思想提升

进入了创意构思阶段,就进入了用手绘进行表现的阶段,目的是实现二维到三维的转换,此时首先要把空间关系整理清楚,如果有同学空间感不好就会感觉很困难。那么如何训练自己的空间感呢?方法就是观察一个物体时,不要只是看,而是要往脑子里记,试着闭上眼睛想象它在脑海中的画面,多角度想象,从而丰富自己的视觉经验空间想象力。

三、任务实施

任务实施表如表 2-5 所示。

表 2-5 任务 4 实施表

任务步骤	任务要求	任务安排	任务成果
步骤 1 微课学习	看视频，学习产品意向拼图法（见知识储备 2.4.5）。 产品意向拼图	具体活动 1：观看微课。 具体活动 2：记录意向拼图要点。	完成线上课程内容学习。
步骤 2 制作意象拼图	依据设计定义，从造型风格、功能、材料工艺等角度进行意向拼图制作。	具体活动 1：小组同学制作风格拼图 10～15 张。 具体活动 2：小组同学制作材料工艺拼图 10～15 张。 具体活动 3：小组同学制作细节拼图 10～15 张。	完成意向拼图制作。
步骤 3 绘制创意方案构思	运用手绘表达的形式，快速表达产品创意设计的概念及其外观，并能清晰有效地表达产品的使用方式，数量要求设计 3～5个方案。	具体活动 1：快速表达出主体造型设计与局部形态设计。 具体活动 2：快速表达出产品的使用方式与功能结构。	完成创意初步构思方案。
步骤 4 深化创意构思方案	选中 1～2 个创意方案，进行深化修改，清晰地表达出产品的创新点、产品细节、配色与功能结构。	具体活动 1：小组研讨选择最优方案。 具体活动 2：深化表达产品创新点与功能结构。 具体活动 3：清晰表达出产品使用方式与细节。	完善创意构思方案。

【作业案例展示】

此案例展示了产品创意的推演过程，包括创意草图的形式、功能结构的展示和使用情境模拟等，帮助设计师更好地表达和呈现产品创意。请扫描以下二维码查看。

产品创意的推演过程

任务5:创意设计表达

一、任务思考

问题1:产品展示表达常用的形式有哪些?

____

____

问题2:产品创意表达的主流趋势是什么?

____

____

问题3:创意设计的完整方案需要表达出哪些内容?

____

____

二、思想提升

提高创新思维意味着保持对一切既有成果的怀疑,意味着对落后观念的否定,意味着对迷信的打破和对陈规的超越,设计要保持提出新思想、新理念和新产品的惯性。虽然产品越来越多,但它还在发展中,同学们要具备创新的思维,从而不断地发现问题,解决问题。

三、任务实施

任务实施表如表2-6所示。

表2-6　任务4实施表

任务步骤	任务要求	任务安排	任务成果
步骤1 微课学习	看视频,学习产品动画设计表达。 动画设计表达	具体活动1:观看微课。 具体活动2:记录动画设计表达要点。	完成线上课程内容学习。
步骤2 优秀竞赛案例创意表达研讨	小组研究获奖案例展板,梳理创意表达要点。	具体活动1:小组收集优秀竞赛展板案例。 具体活动2:小组研讨创意表达形式。 具体活动3:小组分工制作展板。	完成展板制作。

续 表

任务步骤	任务要求	任务安排	任务成果
步骤3 优秀动画 案例研讨	小组研究获奖案例动画，梳理创意表达要点。	具体活动1:小组收集优秀竞赛动画案例。 具体活动2:小组研讨创意表达形式。 具体活动3:小组分工制作动画效果。	完成动画制作。
步骤4 修改产品 展板与动画 制作表达	展示制作初稿效果，并根据教师意见进行修改完善，达到主次分明、重点突出、层次丰富、视觉冲击力强的效果。	具体活动1:小组展示创意表达效果。 具体活动2:与教师沟通创意表达问题。 具体活动3:修改创意表达效果。	完善最终表达效果。

【作业案例展示】

此案例展示了4个产品的动画展示效果，包括使用情境、配色、功能和内部结构等方面的动态展示，让用户更加全面地了解产品特点和功能。请扫描以下二维码查看。

“解放双手”立式智能电吹风

呼啦圈体重秤

无水快干便携洗袜机

智能胰岛素注射器

2.6 评价与总结

1.评价

项目评价表如表2-7所示。

表2-7 项目评价表

指标	评价内容	分值	自评	互评	教师
过程评价（50%）	能够通过自学线上资源，完成自测	5			
	能够合作研讨创意设计竞赛趋势	5			
	能够分工完成创意设计调研	5			
	能够分工完成创意设计构思方案	5			
	能够完成课程签到	5			
	能够积极抢答老师的问题	5			
	能够积极参与小组研讨	5			
	能够分享创意表达效果	5			
	能够修改迭代产品创意效果	5			
	能够帮助同组同学进行技能提升	5			
作品评价（40%）	在结构方式上有优良改进	5			
	应用方式上有新的理念和设计	5			
	在体验方式上有更优良的设计	6			
	在细节以及品质上有优良表现	6			
	制造上体现的可实现性、持续性	6			
	产品展板主次分明，重点突出，层次丰富	6			
	产品动画表达完整，使用功能展示清晰，配音节奏合理	6			
成长度（10%）	知识提升	3			
	能力提升	4			
	素养提升	3			

2.总结

项目总结表如表 2-8 所示。

表 2-8　项目总结表

素养提升	提升	
	欠缺	
知识掌握	掌握	
	欠缺	
能力达成	达成	
	欠缺	
改进措施		

项目 3

传统家电的升级换代设计

学习目标

【知识目标】

- 了解传统家电的市场现状与发展趋势
- 懂得传统家电产品的技术原理
- 掌握产品造型与 CMF 的设计优化方法
- 掌握产品模型制作方法

【能力目标】

- 能够进行传统家电产品拆机与观察分析
- 能够进行传统家电的市场、竞品与用户调研
- 能够进行传统家电的造型与 CMF 的优化设计
- 能够进行传统家电的模型制作验证

【素质目标】

- 培养学生的设计创新思维
- 培养学生团队合作能力
- 培养协同创新的职业精神
- 培养学生精益求精的工匠精神

3.1 任务导入

项目3 工作任务书	
学习情境描述	参与一项传统家电的改良设计实战项目，选择一个传统家电，了解传统家电的行业状况，运用设计思维与方法，结合新兴技术、时代新风格、用户新需求等进行传统家电的升级换代设计研究，训练学生设计实战能力。
项目适用领域	(1)取暖器、电风扇、音响、饮水机、加湿器、净水器等。 (2)电冰箱、洗衣机、吸尘器等。 (3)电吹风、电动剃须刀、电熨斗等。 (4)电饭锅、电水壶、电压力锅、电磁炉、豆浆机等。 (5)电饼铛、烤饼机、消毒碗柜、榨汁机、电火锅、微波炉等。
学习任务	(1)接受一项设计实战项目。 (2)进行传统家电样机的拆机分析与竞品、用户等设计调研。 (3)进行造型与CMF优化设计。 (4)提交设计调研报告与设计提案报告。
工作任务要求	任务要求：参与一个设计实战项目，进行设计竞稿。设计可以从不同维度出发，具备原创性，凸显流行趋势，考虑到生产制造成本，具备一定程度的可实施性。设计呈现内容可以是效果图、原理图、结构图等。 任务形式：调研报告、设计提案报告和实物模型。 建议学时： 工作任务1 设计任务解读 2课时 工作任务2 设计调查研究 4课时 工作任务3 设计分析定位 2课时 工作任务4 造型优化设计 4课时 工作任务5 CMF优化设计 4课时 工作任务6 产品模型制作 4课时
工作标准	1. 1+X产品创意设计等级标准(中级) ·根据项目要求完成市场调研分析及客户需求分析。 ·选择设计方向、制定产品整体设计方案。 ·用计算机辅助设计产品的造型和结构，研究和选择设计材料。 ·制作3D打印产品模型进行设计验证。 对接方式：四项工作任务分别对应证书标准，其中： 工作任务1对应市场调研分析及客户需求分析。 工作任务2对应选择设计方向、制定产品整体方案。 工作任务3对应计算机辅助设计产品的造型和结构、研究和选择设计材料。 工作任务4对应制作3D打印产品模型进行设计验证。

续 表

<table>
<tr><td colspan="2">项目 3　工作任务书</td></tr>
<tr><td>工作标准</td><td>2. 评审标准
差异化：产品形象鲜明，实现产品的差异化，区别于其他同类产品，摆脱产品同质化。
可行性：产品外观设计的成本应与产品本身的经济价值相适应。
细节性：产品造型细节体现精致感、品质感，提高产品的档次。
搭配感：产品色彩、材料、表面工艺搭配合理，起到刺激消费者购买欲望的作用。
表达性：产品草图与 2D 效果图表达准确、完整；产品模型制作比例准确，人机合理；项目设计方案内容完整、主次分明、重点突出。</td></tr>
</table>

3.2　小组协作与分工

课前：请同学们根据六维专业能力（见图 3-1）互补原则进行分工，并在表 3-1 中写出小组内每位同学的专业特长和分工任务。

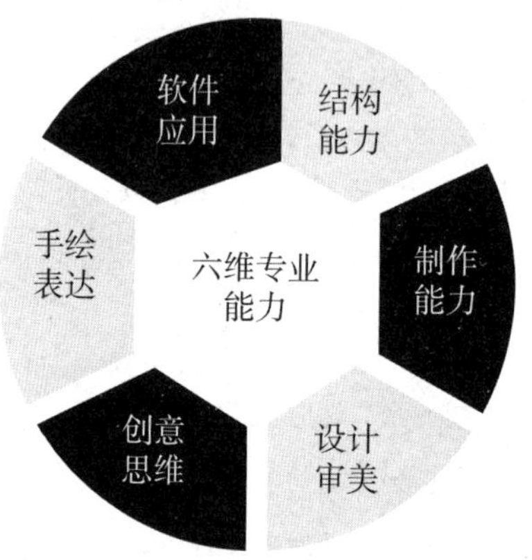

图 3-1　工业设计专业六维专业能力

表 3-1　成员分组表

组名	成员姓名	专业能力强项	专业能力弱项	任务分配

3.3 问题导入

仔细观察图 3-2、图 3-3、图 3-4，思考下面三个问题。

问题 1：传统家电行业的现状如何？

问题 2：传统家电升级换代的依据是什么？

问题 3：新时代家电行业有了哪些新变化？

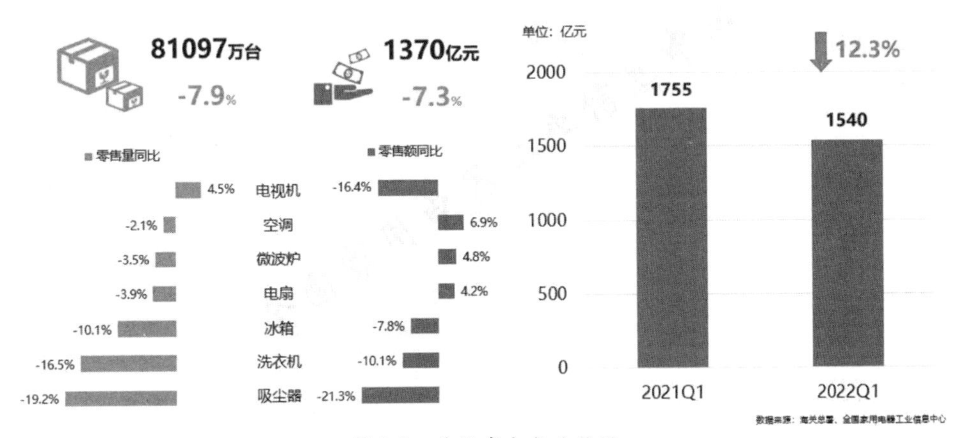

图 3-2 传统家电行业状况

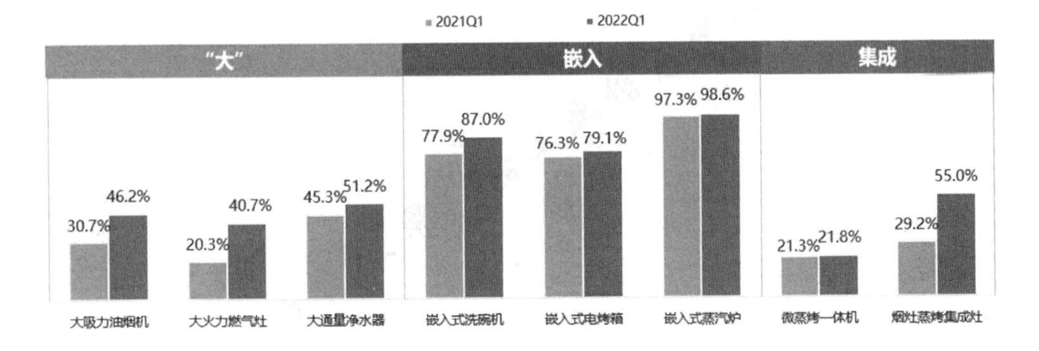

图 3-3 厨电发展状况

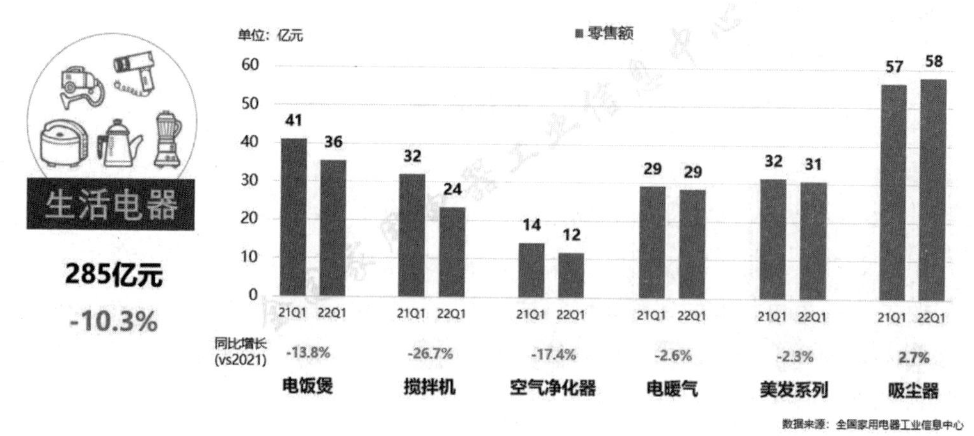

图 3-4　生活电器主要品类与增长

3.4　知识准备——技术与原理

3.4.1　家电产品拆机与展示

通过把整个产品完整地拆解出来，不仅可以了解产品功能、运作原理，而且可以直观地看到产品的零部件，产品零部件的结合与组装方法、材料运用等知识可以为设计提供资料参考。如图 3-5 所示为拆机照片。

但拆解并不是暴力地将产品部件拉开，或者砸开，拆解过程反过来就是安装过程，因此要按照要求进行仔细拆解。

拆机与展示

图 3-5　拆机照片

工欲善其事，必先利其器。首先需要准备好拆装工具，包括度量工具：游标卡尺、角度尺等；记录工具：铅笔、水笔；拆装工具：螺丝刀、镊子、剪刀等。

拆机前，需要注意以下事项：第一，无损条件下进行产品拆解；第二，记录好拆卸前的空间布置、零件位置和拆解过程记录；第三，切勿强力拆卸；第四，拆卸前预先了解产品的工作原理，分析好产品的结构、材料特性；第五，进行产品零部件组装，保证产品仍能恢复正常使用。

1.拆机开始

拆机的步骤，拆解主要分为看、拆、装三步。

一看产品的造型（见图3-6）。此款儿童泡泡机依托太空探索的元素，激发孩子们对未知探索的乐趣，设计了新颖、圆润、可爱的萌趣外观，建立太空宇航员原创IP造型，并全新研发了泡泡水，使产生的泡泡弹性强不易破，让孩子们更佳地体验缤纷多彩的泡泡世界。

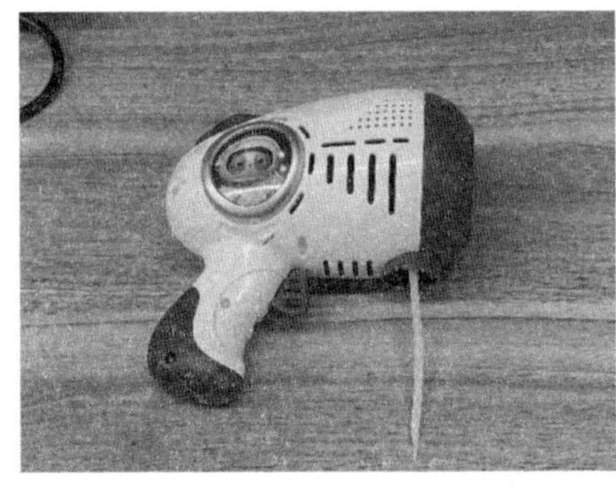
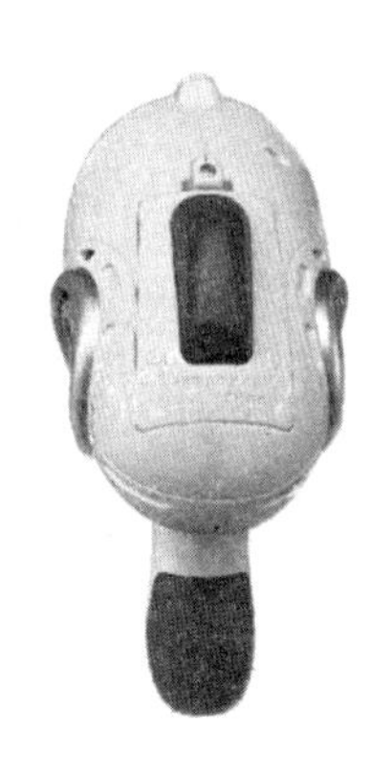

图3-6 观察产品

二看产品的功能、部件与按键。通过不同角度观察产品，我们可以看到这款泡泡机的产品零部件包括把手、泡泡出口、按钮、底座、电池盖和散热孔等。

三看产品的模具。此款产品尺寸是15cm×9cm×16cm，在产品的外形上找分模线，从分模线可以判别这款产品是左右开模的。此时请大家思考一下产品出模的方式由什么决定？仔细看图3-7中矿泉水瓶的模具，从矿泉水瓶侧边的线，可以发现分模线其实是上下两个模具闭合时进行吹塑工艺，当吹塑完成后打开模具，两个部件连接处所形成的一条线。

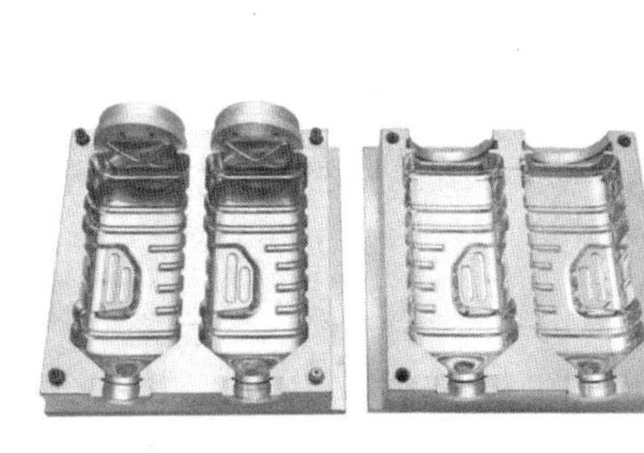

图3-7 矿泉水瓶模具与分模线

一般来说产品出模有三种方式（见图3-8）：第一种是上下出模；第二种是左右出模，左右出模容易使表面拉花;第三种是 3 个方向出模,这种出模方式可以保障表面质量,但是价格却比较昂贵。请大家在拆解产品的过程中,分析下产品的各部件是如何出模的?

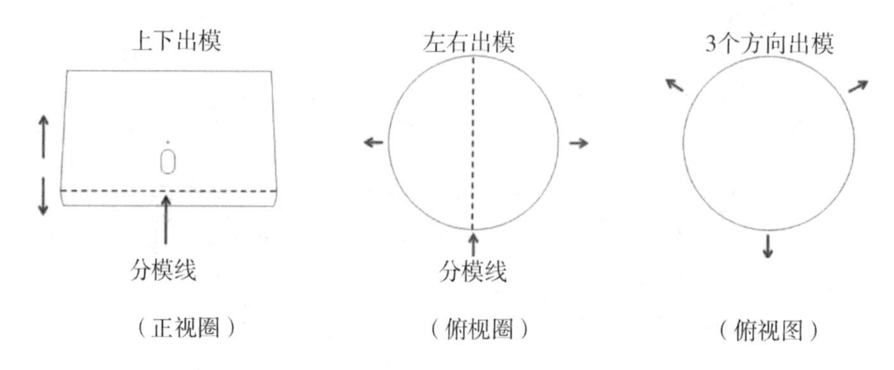

图 3-8　产品出模方式

四看产品使用的材料。一般来说产品使用的材料主要有 ABS(丙烯腈-苯乙烯-丁二烯共聚物)、PC(聚碳酸酯)、硅胶等,ABS 主要使用注塑工艺,材料原始的状态是颗粒状态,常适用于做产品的外壳。PC 也使用注塑工艺,材料原始状态也是颗粒状,不同点在于它可以用作透明或半透明的壳体,还有一些透光效果。硅胶使用的是热压工艺,材料原始状态是块状体,主要应用作密封圈、防滑套等。

五看产品的连接方式。产品的连接方式主要有胶粘、螺丝连接、卡扣和超声波焊等,大家在拆机过程中请特别注意找一找。

六看产品的标识。通过研究产品标识,找到产品的使用方式、开盖方式等使用信息。

2.拆机展示

(1)拆掉电池盒并观察

拆掉电池盒可以发现电池塞入的方向不同(见图 3-9),电池盖板的限制方式也不一样,有的用弹簧限制,有的则是金属突起限制,顶端的蓝色突起没有实质性作用,只有装饰性作用,它们主要使用卡扣与电池盖板连接。

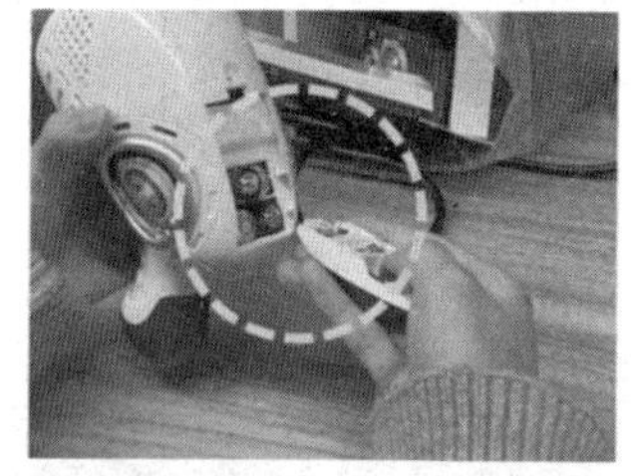

图 3-9　电池盒观察

(2)拆开外壳盒并观察

外壳件的材料主要为ABS塑料(见图3-10),拧开两颗小螺丝后,可以把外壳一分为二,外壳的周围有许多支撑,作用是使两枚外壳可以更精准地合在一起,仔细观察外壳件内部还有一个导管限位装置,保证安装准确。

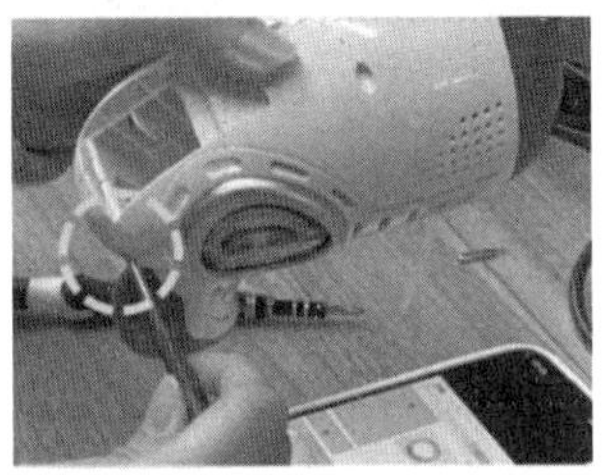
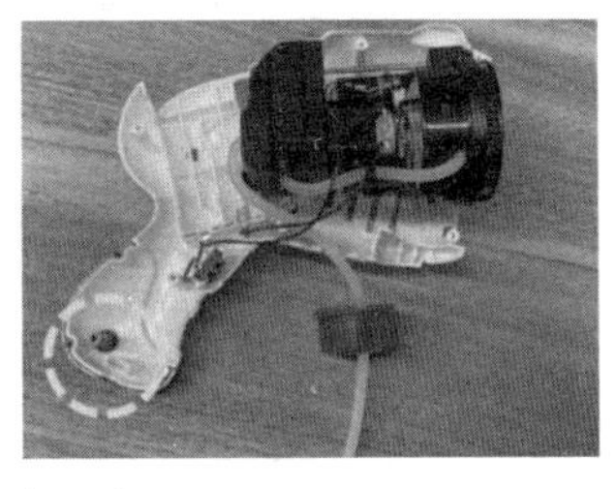

图3-10 外壳观察1

仔细观察拆解的外壳上分布着各式各样的散热孔(见图3-11),有各种突起用来限制电机、电线及其他部件,外壳的内部有明显的注塑孔痕迹,握把上有凹凸,起到更好的防滑作用。

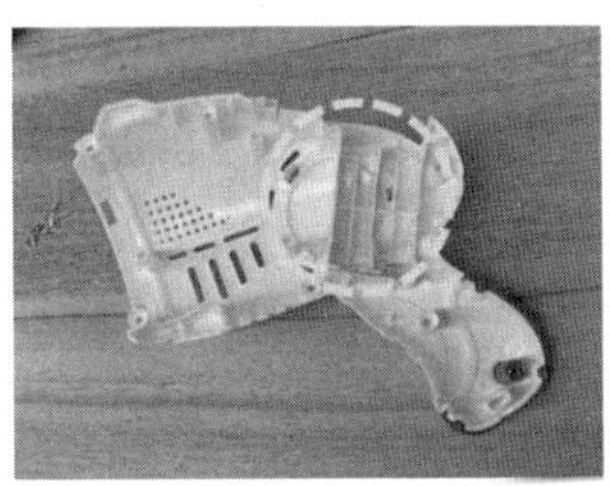
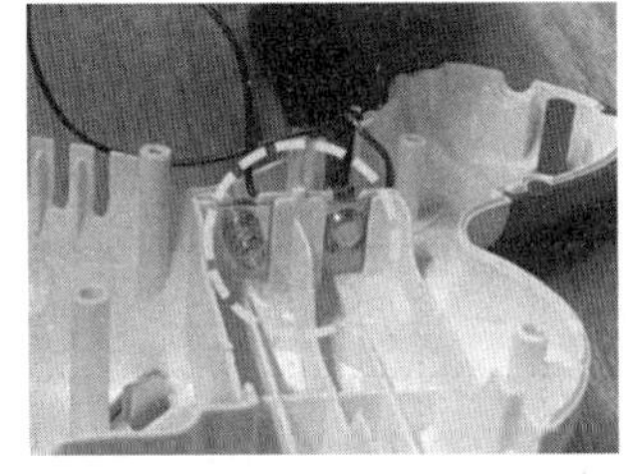
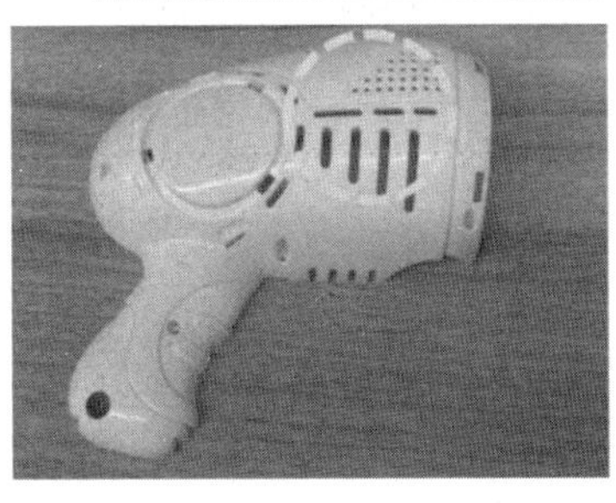
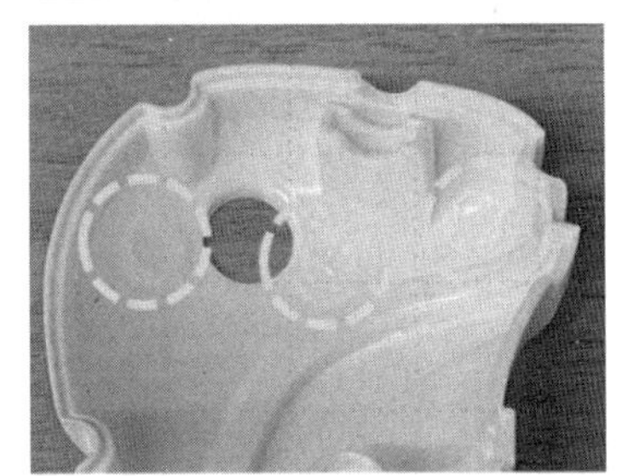

图3-11 外壳观察2

深入观察泡泡机内部有一个重要部件——电机(见图3-12),其材料为ABS塑料与金属。电机与小灯泡连接,当泡泡机启动电机,灯光同时亮起。此外齿轮连接吹泡网和电机,当电机转动时吹泡网也随着转动,最后在电池盒底部与电线连接,电线另一端与电机处于焊接连接状态,保证电路畅通。

图 3-12　电机观察

(3)拆按钮

如图 3-13 所示。按钮元件与电线焊接在一起,这样操作按钮就可以实现喷泡泡的功能,同时外部按钮的形态曲线符合人机功能,以保证操作时的舒适性。按钮由两部分组成,两部分组合成完整的一片,两个部件里设计了突起和凹进去的小孔可以使它们更好地连接在一起,按钮外圈有一圈浅色装饰,突起的装饰可以更好地嵌入泡泡机外壳,使其不掉落。

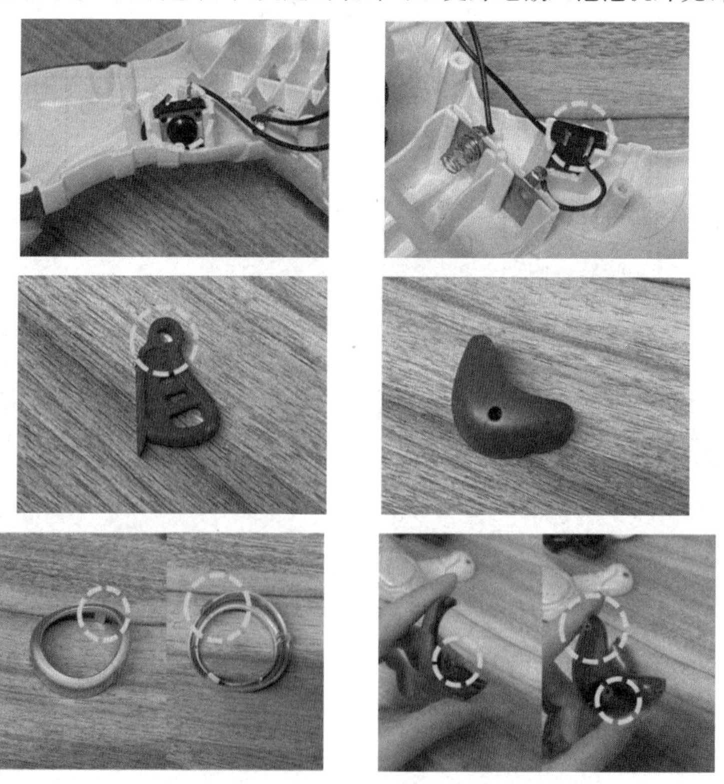

图 3-13　按钮观察

(4)拆机合影

全部拆完,我们就可以为拆件拍个合影了(见图 3-14)。拆完之后,请各位再组装回去,这里要注意组装顺序,即将拆的顺序反过来进行组装。

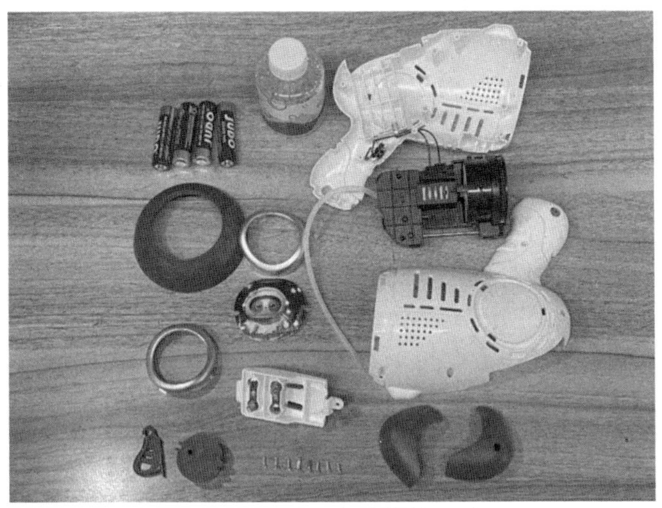

图 3-14 拆件合影

3.绘制产品原理图

通过拆机,同学们可以清楚地看到产品内部的元器件,以及元器件的放置位置,直观清晰地理解每个元器件的作用,进而清楚地了解产品的工作原理。我们可以尝试运用以图 3-15 所示的形式,进行产品工作原理图架构的绘制。

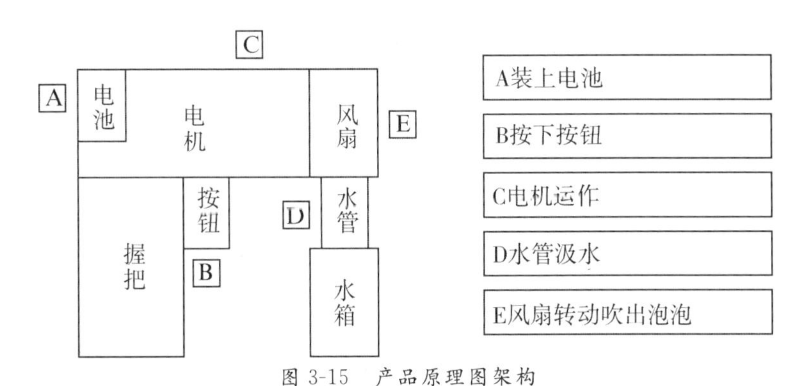

图 3-15 产品原理图架构

3.4.2 家电加热元件

加热元件

1.电热丝在煮饭器具中的应用

电热丝是最早出现的一种电热元件,它是以电热为基本工作原理来实现能量转化的。电热丝虽然为传统电热元件,但至今尚未被替代,现在电热丝依然在各个领域,特别是工业生产及实验室被广泛使用。

将电热丝放进电热炉的凹槽里，再在上面放个锅，这个电热炉就可以烧水、煮饭。将电炉与锅整合在一起就是电饭煲，它解决了传统电炉煮饭时的安全问题，以及煮饭、煮水时会溢出的问题，实现了一键煮饭，让生活更便利。在电饭煲设计中加入智能功能，普通电饭煲就变成了能预约，具有语音提醒功能的智能电饭煲。

电炉、电饭煲、智能电饭煲这三个产品主要的核心元件器都是电热丝（见图 3-16、3-17），主要的功能都是把饭加热，但是这三个产品的价格却有几十元、几百元到几千元的差别。这三个产品价格的差异，其实是设计价值的体现，通过设计将新技术融入，通过设计整合设计出更人性化的产品。

图 3-16　电热丝设计演变 1

图 3-17　电热丝设计演变 2

2. 电热丝在电吹风里的应用

我们再来看下电热丝在电吹风里的应用。吹风机也是运用电热丝的典型案例。吹风机是由一组电热丝和一个小风扇组合而成。通电时，电热丝会产生热量，风扇吹出的风经过电热丝，就变成热风。如果只是小风扇转动，而电热丝不热，那么吹出来的就只是冷风了。

吹风机的电热元件是由电热丝绕制而成（见图 3-18）。电热元件装在吹风机的出风口处，电动机排出的风在出风口被电热丝加热，变成热风送出，还有的吹风机在电热元件的附近会装上恒温器，温度超过预定温度的时候就切断电路，起到保护作用。

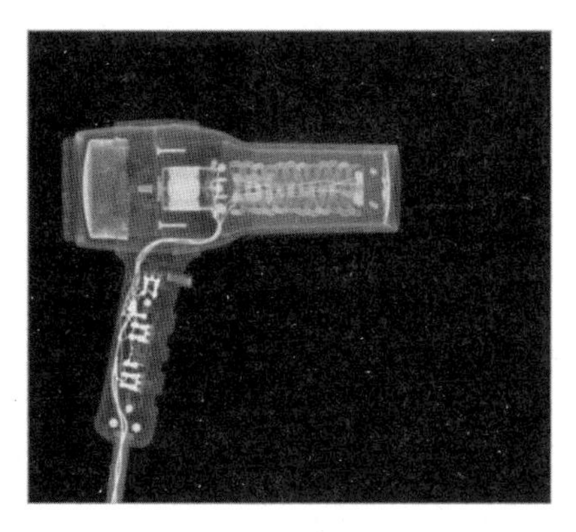

图 3-18 电炉丝应用——吹风机

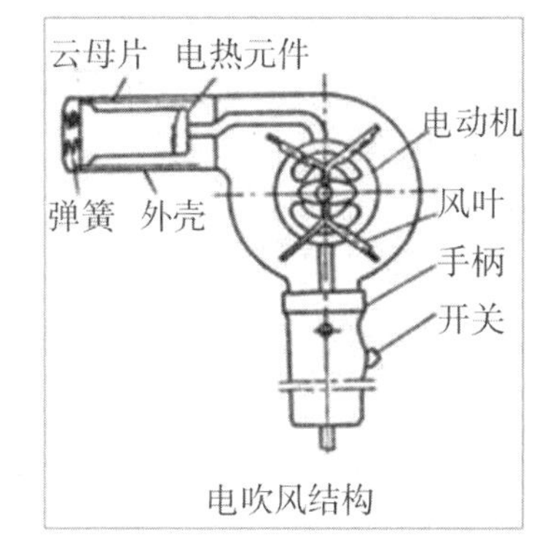

图 3-19 电吹风的结构图

从以上两个案例可以看出一根电热丝的神奇运用。

3.其他电热元件

电热元件产品类别繁多，常规品种包括：电热合金、电热材料、电热线、电热板、电热带、电热缆、电热盘、电热偶、电加热圈、电热棒、电伴热带、电加热芯、云母发热片、陶瓷发热片、钨钼制品、硅碳棒、钼粉、钨条、电热丝、网带等。

PTC(Positive Temperature Coefficient，热敏电阻)是将导电材料经过复合烧结而成的一种电热元件。它运用热敏电阻恒温发热特性设计了 PTC 加热元件。

在中小功率加热场合，PTC 加热元件具有恒温发热、自然寿命长、热转换率高、受电源电压影响极小的优势，在电热器具中的应用越来越受到研发工程师的青睐。

恒温加热 PTC 热敏电阻可制作成多种外形结构和不同规格，常见的有圆片形、方形、条形、圆环。PTC 发热元件和金属构件进行组合可以形成各种形式的大功率 PTC 加热元件(见图 3-20)。

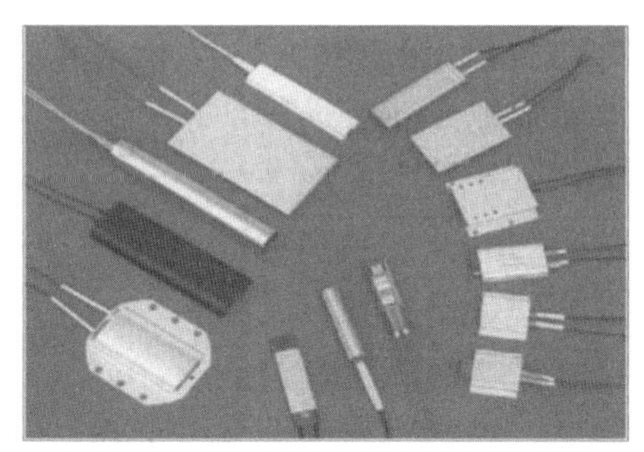

图 3-20 PTC 电热元件

应用普通实用型 PTC 陶瓷加热元件的电器有：蚊药驱蚊器、暖手器、干燥器、电热板、电熨斗、电烙铁、电热粘合器、卷发烫发器等。PTC 陶瓷加热元件的功率不大，热效率高。

应用热风 PTC 加热元件的电器有：小型温风取暖器、暖房机、烘干机、干衣柜、干衣机、工业烘干设备等，它们输出热风功率大、速热、安全、能自动调节功耗。

电热膜是近年来新兴的一种电热元件，它是吸取了 PTC 和导电涂料两种电热元件的特点制造而成的。电热膜目前主要应用在室内取暖和环境温度保持方面，如建筑物取暖、育雏室保温等。

电热膜的优点是无明火加热、面状加热、热阻少、导热快、使用寿命长，且易于切割和分离，特别是电热膜的电能转换效率高达90%、热能损失小。电热膜的缺点是升温速度慢，加热温度不能达到较高数值，停电后热量消散速度快。

3.4.3 家电电声元件

物理学中，传声器是靠声波作用于振膜而引起振动来进行信号传输工作的，这与我们耳朵的“工作原理”非常相似。电声元件是能够转换电能和声能的元件，通常是利用电磁感应、静电感应或压电效应等来完成电声转换的。常见器件有扬声器、话筒等(见图3-21)。

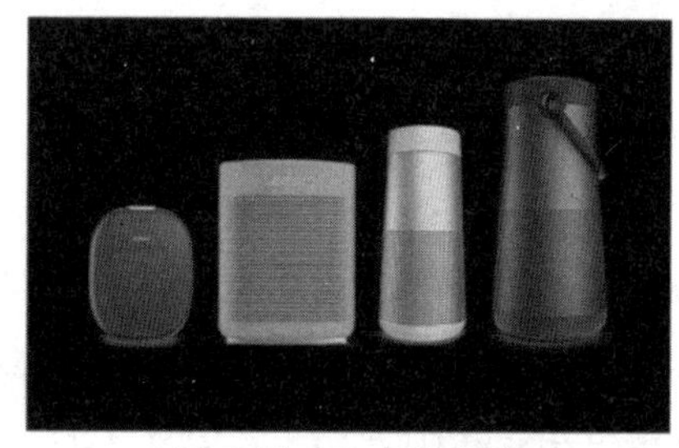

图3-21 扬声器音箱

电声元件中最常用的是扬声器，扬声器又称“喇叭”。是一种十分常用的电声换能器件，在发声的电子电气设备中都能见到它。扬声器在音响设备中是一个最薄弱的器件，而对于音响效果而言，它又是一个最重要的部件。

许多同学有疑问，音响到底是如何发声的？要知道音响发声的原理，我们首先需要了解声音的传播途径。声音的传播需要介质(真空不能传声)，声音要靠气体、液体、固体作媒介传播出去，这些作为传播媒介的物质称为介质，就好比水波，你往平静的水面上抛一个石子，水面就有波浪，再传播到四周，声波也是这样形成的。人耳能听到的声波频率为20～20000Hz，低于或高于这个范围，人耳都听不到。

(1)扬声器

扬声器就是我们常说的喇叭(见图3-22)。喇叭由线圈、磁铁、纸盆等组成。放大器输出大小不等的电流(交流电)，通过线圈在磁场的作用下使线圈移动，线圈连接在纸盆上带动纸盆震动，再由纸盆的震动推动空气，从而发出声音(见图3-23)。

图 3-22 扬声器

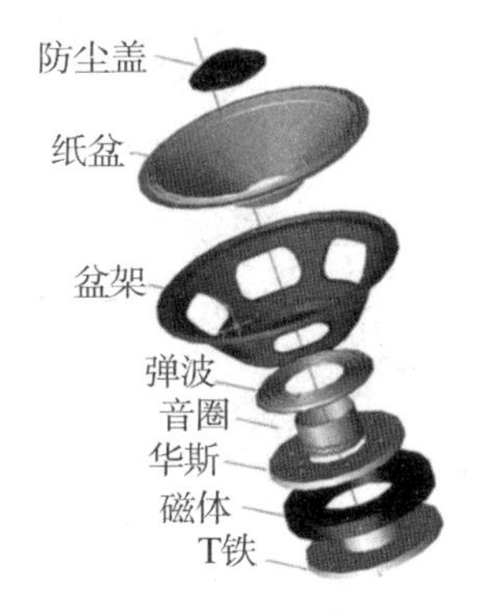

图 3-23 扬声器爆炸图

当喇叭接收到由音源设备输出的电信号时，电流会通过喇叭上的线圈，并产生磁场反应，而通过线圈的电流是交变电流，它的正负极是不断变化的，正极和负极相遇会相互吸引，线圈受到喇叭上磁铁的吸引向后（箱体内）运动，正极和正极相遇则相互排斥，线圈向外（箱体外）运动。这一收一扩的节奏会产生声波和气流，并发出声音，它和我们讲话的喉咙振动是同样的效果。

(2)话筒

话筒按其结构不同，可分为动圈式、电容式、晶体式、炭粒式、铝带式等数种，最常用的是动圈式话筒和电容式话筒。

从话筒的剖面图可以看到磁体、线圈、膜片几个主要部件（见图 3-24）。话筒的工作原理是当声波使金属膜片振动时，连接在膜片上的线圈（音圈）随着一起振动，音圈在永磁体的磁场里振动从而产生感应电流（电信号），感应电流的大小和方向都变化，振幅和频率的变化都由声波决定，这个信号电流经扩音器放大后传给扬声器，从扬声器中就发出放大的声音。

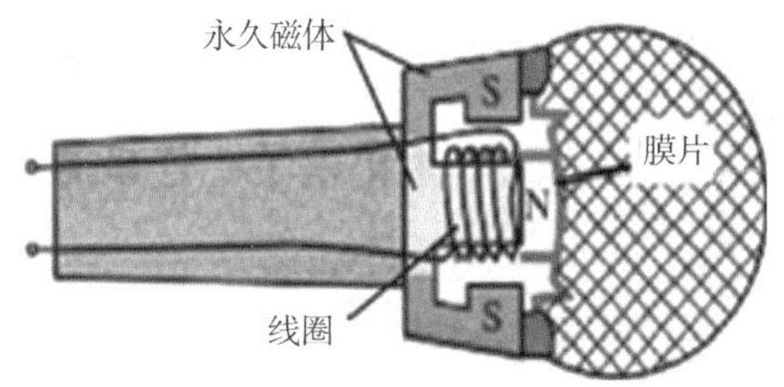

图 3-24 话筒结构

还有一种电容式话筒，它的原理是由一金属振动膜和一固定电极构成，两者之间，距离很近，约 0.025～0.05mm，中间的介质是空气，因此形成一个电容器。电容话筒全称是“静电容量变化型传声器”。

目前，电容式话筒已在通信设备、家用电器等电子产品中广泛使用（见图 3-25）。

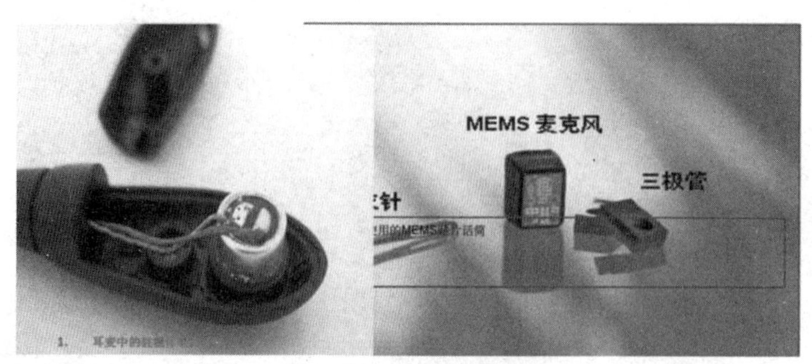

图 3-25　电容式话筒

3.4.4　家电发光元件

(1)节能灯

节能灯即紧凑型荧光灯(Compact Fluorescent Lamp,CFL),又称为省电灯泡、电子灯泡及一体式荧光灯,是指将荧光灯与镇流器(安定器)组合成一个整体的照明设备。

将节能灯与美丽的灯罩进行搭配,就形成了不同风格的灯具产品,可以应用在家居环境中(见图 3-26)。

图 3-26　节能灯

声光元件

(2)发光二极管

发光二极管(Light Emitting Diode,LED),是将电能转化为光能的半导体元件,如图 3-27 所示。主要由 LED 芯片、透明环氧树脂封装、楔形支架、阳极杆、引线架以及有发射碗的阴极杆组成。

LED 的发光原理是利用固体半导体芯片作为发光材料,在半导体中通过载流子发生复合放出过剩的能量而引起光子发射,它可以直接发出红、黄、蓝、绿、青、橙、紫、白色的光。LED 照明产品就是利用 LED 作为光源制造出来的照明器具。

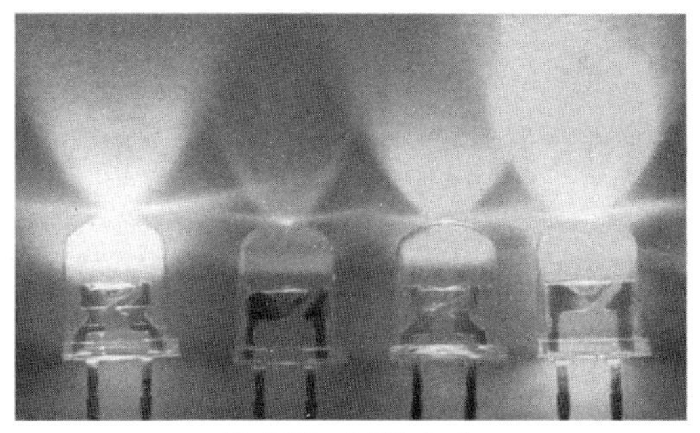

图 3-27 LED 灯珠

LED 主要具有寿命长、光效高、无辐射与低功耗的特点。此外 LED 使用冷发光技术，发热量比普通照明灯具低很多。

LED 应用于显示屏、交通信号显示光源的灯具中有抗震耐冲击、光响应速度快、省电和寿命长等特点。它也广泛应用于各种室内、户外显示屏，分为全色、双色和单色显示屏。如飞利浦这款 LED 显示钟表(见图 3-28)，设计时尚简洁，放置在床头，使用方便。

图 3-28 LED 显示钟表

LED 已广泛应用于电子手表、手机、BP 机、电子计算器和刷卡机上。随着便携电子产品日趋小型化，LED 背光源更具优势，因此背光源制作技术将向更薄型、低功耗和均匀一致方面发展。

由此看出声光技术主要包括常用的电声元件扬声器和话筒与 LED，这些技术在家电产品、音响以及米电产品(如手机)的常用配件中应用广泛。

3.4.5 家电显示技术

显示元件

1. 显示技术

显示技术是利用电子技术提供变换灵活的视觉信息的技术。

显示技术的任务是根据人的心理和生理特点，采用适当的方法改变光的强弱、光的波长(即颜色)和光的其他特征，组成不同形式的视觉信息。视觉信息的表现形式一般为字符、图形和图像。

不同的显示器件依据的是不同的物理原理。任何电子显示方法都是改变光的某些特性，有源显示器件是器件自身发光，无源显示器件是靠外部光源的照射而实现显示，还有一些显示方法是利用光的折射、衍射或偏振来实现的。

目前的显示技术有很多如传统阴极射线管(CRT)、液晶显示(LED)、等离子体显示板(PDP)、场发射显示(FED)、电致发光(EL)、发光二极管(LED)、真空荧光显示(VFD)、有机电致发光(OEL)等。

2.**阴极射线管(CRT)**

阴极射线管是射线电子在阳极高压的作用下射向荧光屏,使荧光粉发光,同时电子束在偏转磁场的作用下,作上下左右的移动来达到扫描的目的。

CRT 的主要形状如一个横放的漏斗形状,由此我们可以看到为什么老式的电视具有大后部造型,这是由于内部的结构决定的(见图 3-29、3-30)。

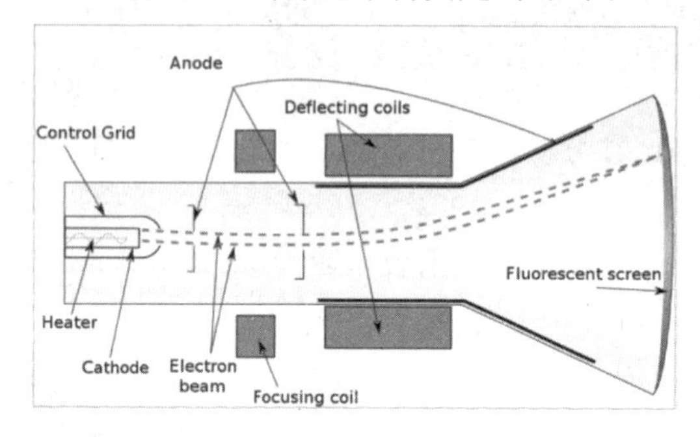

图 3-29 阴极射线管

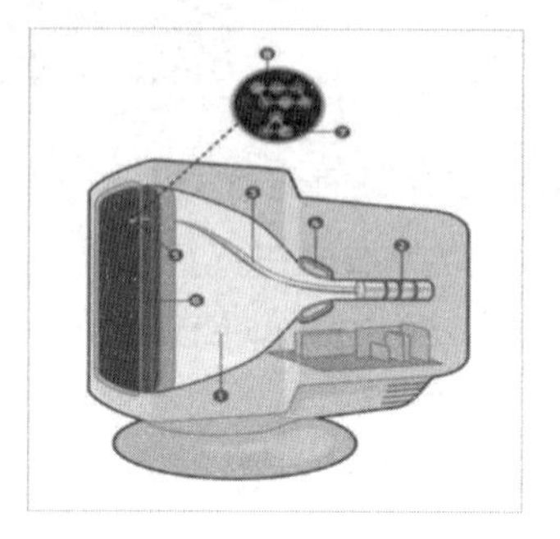

图 3-30 CRT 电视

3.**液晶显示(LED)**

1888 年奥地利植物学家发现了一种白浊有粘性的液体,后来,德国物理学家发现了这种白浊物质具有多种弯曲性质,认为这种物质是流动性结晶的一种,由此将其取名为 Liquid Crystal(即液晶)。

液晶显示的显像原理,是将液晶置于两片导电玻璃之间(见图 3-31),电极间电场的驱动引起液晶分子扭曲向列的电场效应,以控制光源透射或遮蔽功能,在电源关开之间产生明暗而将影像显示出来,若加上彩色滤光片,则可显示彩色影像。

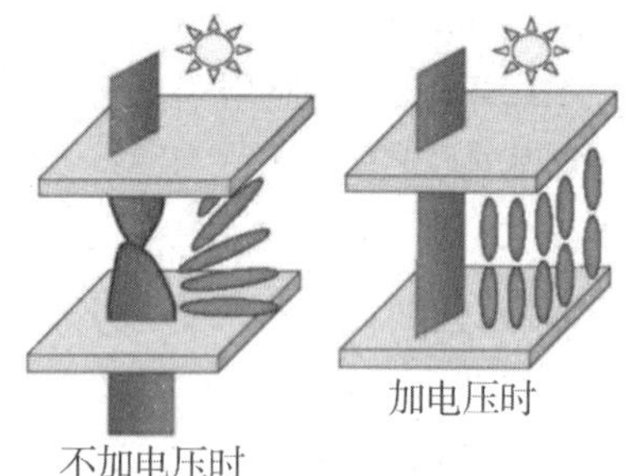

图 3-31 液晶原理

液晶显示材料具有明显的优点:功耗微小、可靠性高、显示信息量大、彩色显示等,它可以制成各种规格和类型的液晶显示器,便于携带。由于这些优点,用液晶材料制成的计算机终端和电视可以大幅度减小体积。运用液晶显示制成的收音机(见图 3-32)、液晶电视(见图 3-33)体积小、厚度薄。由此可以看出液晶显示技术对显示显像产品结构产生了深刻影响,促进了微电子技术和光电信息技术的发展。

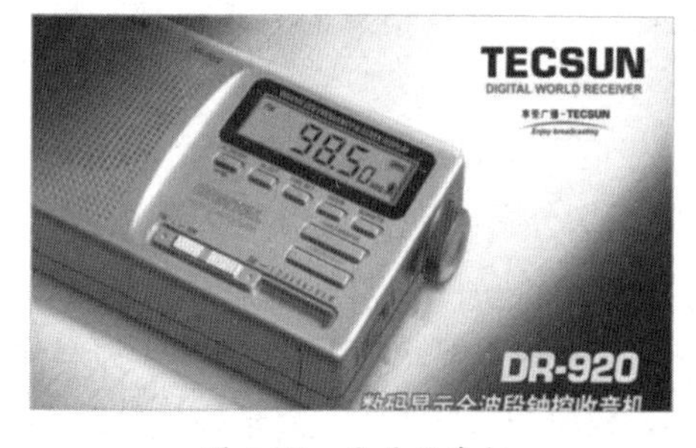

图 3-32 液晶收音机

图 3-33 液晶电视

4.等离子显示面板(PDP)

等离子显示面板的发光原理是在两张超薄的玻璃板之间注入混合气体,并施加电压使气体产生等离子效应,放出紫外线,激发三原色的设备(见图 3-34)。与 CRT 显像管显示器相比,等离子显示具有分辨率高、屏幕大、超薄、色彩丰富、鲜艳的特点;与 LCD 相比,具有亮度高、对比度高、可视角度大、颜色鲜艳与接口丰富等特点。

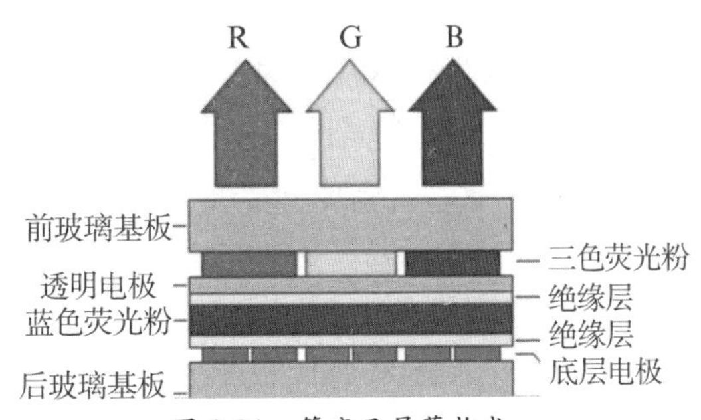

图 3-34 等离子屏幕构成

等离子屏幕的面板主要由两部分所构成,一个是靠近使用者面的前板制程,包括玻璃基板、透明电极、Bus 电极、透明诱电体层、MgO 膜。另一个是后板制程,包括荧光体层、隔墙、下枚透明诱电体层、导址电极、玻璃基板。

松下在 2009CES 大展上展出了旗下超薄等离子电视产品 Z1 系列,Z1 是松下所有电视中的旗舰级产品,只有 1 英寸的机身厚度,配备了无线高清连接功能,以及 Viera cast 网络流媒体功能(见图 3-35)。

图 3-35 等离子电视

5.有机发光二极管(OLED)

OLED 属于主动发光,其正极是一个薄而透明的铟锡氧化物,阴极为金属组合物,而将有机材料层(包括空穴传输层、有机发光层、电子传输层等)包夹在其中,形成一个“三明治”。接通电流,正极的电荷与阴极的电荷就会在发光层中结合,产生光亮(见图 3-36)。根据包夹在其中的有机材料的不同,OLED 会发出不同颜色的光。

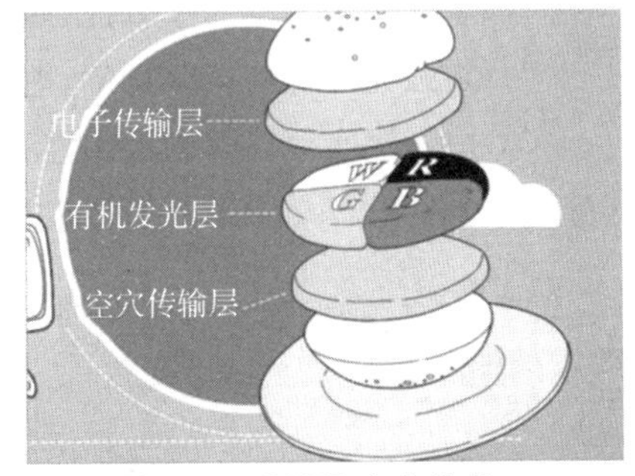

图 3-36 OLED 发光技术

OLED 显示技术广泛地运用于苹果手机、iWatch、VR、音响和电视等,因为它不使用背光,所以 OLED 显示器很薄很轻。此外 OLED 显示器还有一个最大为 170°的宽屏视角,其工作电压为 2～10V。下面了解下 OLED 的优劣势。

OLED 的优势还有许多,比如:OLED 具有纤薄的机身、想怎么弯曲就怎么弯曲的柔性特质、无线的对比度、画质色彩好、分辨率高、视角宽广、低温特性好、在零下 40℃时仍能正常显示,制造工艺简单,成本更低,而这些是 LCD 无法做到的。

OLED 的劣势:寿命通常只有 5000 小时,要低于 LCD 至少 1 万小时的寿命,目前不能实现大尺寸屏幕的量产,因此只适用于便携类的数码类产品,同时存在色彩纯度不够的问题,不容易显示出鲜艳、浓郁的色彩。

如图 3-37 所示是三星 S10 系列产品上所搭载的 OLED 面板,其加入了调整蓝光波长的新技术,从而将有害蓝光比例从现有的 12%大幅削减到 7%。三星官方称,这一结果显示其面板相比普通 LCD 屏幕减少了近 61%的蓝光。

图 3-37 OLED 三星 S10 系列

6.电子墨水技术

电子纸张(电子墨水)主要由大量细小微胶囊(microcapsules)组成,这些微胶囊约为人类头发直径大小。每个微胶囊中包含悬浮于澄清液体之中的带正电荷的白粒子和带负电荷的黑粒子。当设置电场为正时,白粒子向微胶囊顶部移动,因而呈现白色,同时,黑粒子被拉到微胶囊底部,从而隐藏。如施加相反的电场,黑粒子则在胶囊顶部出现,因而呈现黑色(见图 3-38)。

电子墨水的特点主要有以下几个方面:

(1)电子墨水的反射率较低,最接近印刷的效果。

(2)在强光环境甚至阳光下,电子墨水产品也很容易阅读。

(3)电子墨水可以用制成柔性的类似于报纸的产品,也可以制作为非平面的显示产品(见图 3-39、图 3-40)。

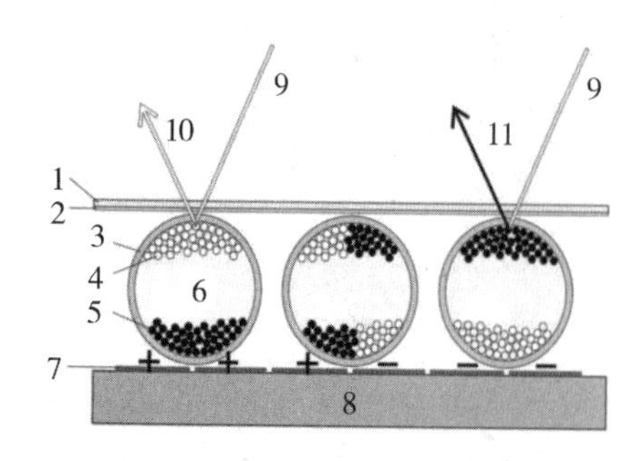

图 3-38 电子墨水的原理

图 3-39 电子书

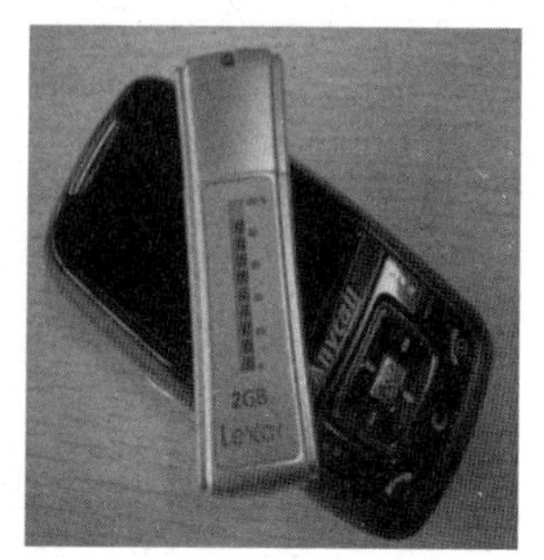

图 3-40 电子墨水产品

(4)电子墨水仅在更新显示时需要耗能,通常可保持显示静态图像达数周,而不耗费任何的电能。

(5)目前电子墨水显示更新速度较慢,有残影现象,量产产品仅能显示黑白图文,色阶过度也不够丰富,价格较贵。

小米有品上架了一款电子墨水屏设备(见图3-41),这是其首款电子纸设备,它不是阅读器,而是温度计。这款产品叫青萍蓝牙温湿度计,采用CR2430纽扣电池,14mm纤薄机身电子墨水屏,显示室内温度和湿度,内置磁铁,配有墙贴,可以倾斜放置,或者贴在冰箱、浴室等立面上,可以通过蓝牙与米家App连接,最高显示1个月的温湿度数据走势。

图3-41 小米湿温度计

家电产品以及便携电子产品中运用的五种显示技术,主要包括显示技术阴极射线管、液晶显示、等离子显示面板、有机发光二极管、电子墨水。在这章我们了解了它们的技术原理,也介绍了它们的应用,希望同学们在了解这些技术的基础上,能够将其灵活地应用于各类产品创新。

3.4.6 家电产品工作原理

家电产品工作原理(上)

家电产品工作原理(下)

1.空气净化器原理

空气净化器主要由马达、风扇、空气过滤网等系统组成,其中空气过滤网就是空气净化的核心部件,机器内的马达和风扇使室内空气循环流动,通过机内的空气过滤网将空气中的各种污染物清除或吸附。经过前置初级过滤层,然后通过H11中效HEPA过滤层(智净技术核心层),再经过H13高效HEPA过滤层以及含酶除菌过滤层,最后经过负离子净化层,将空气不断电离,产生大量负离子,被微风扇送出,形成负离子气流,达到清洁、净化空气的目的(见图3-42)。

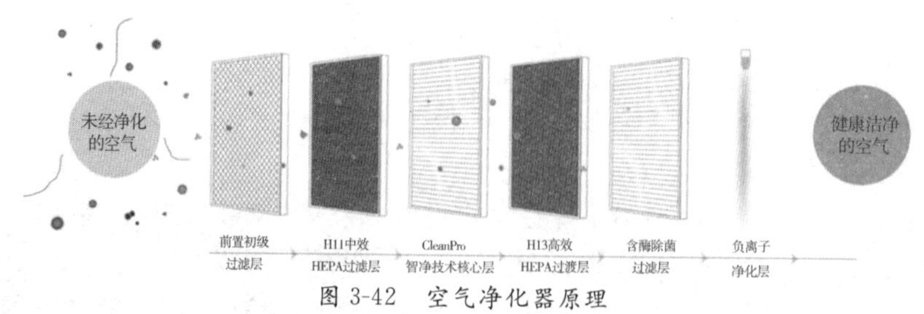

图 3-42　空气净化器原理

2.加湿器原理

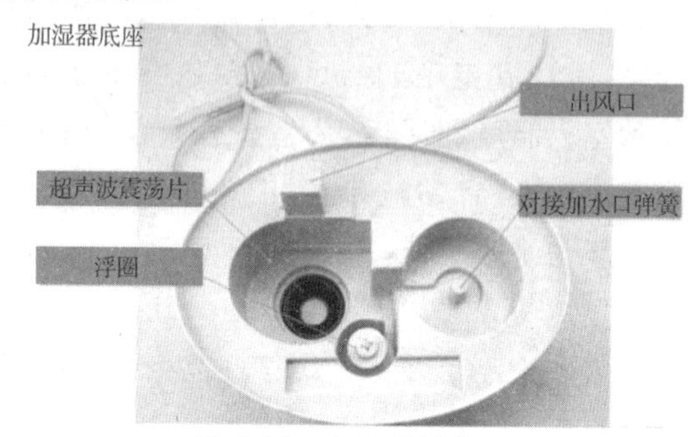

图 3-43　加湿器结构

加湿器中最常见的是超声波加湿器。超声波加湿器采用超声波高频振荡，将水雾化为1～5μm的超微粒子，扩散至空气中，从而达到均匀加湿空气的目的。

加湿器工作的第一步是通过振荡电路对换能器激励，使得振荡片自身产生超声频机械振动，这一步称为压电效应原理（见图3-43）。第二步就是将震荡片的振动传导到水中，使得液态水雾化，这一步称为空化作用。第三步就是通过出风口将水雾吹向空中。

3.牙刷消毒器

牙刷消毒器是自疫情开始流行的产品，它利用紫外灯对牙刷进行消毒杀菌，完成消毒过程（见图3-44）。

牙刷消毒器，采用冷阴极紫外灯管，可发出波长为253.7nm的紫外线，然后利用较低汞蒸气压（$<10^{-2}$ Pa）被激化从而发出UV光波类型。牙刷消毒器除了具有消毒功能，还具有热烘干功能。通过热烘干功能有效抑菌，避免细菌二次感染。

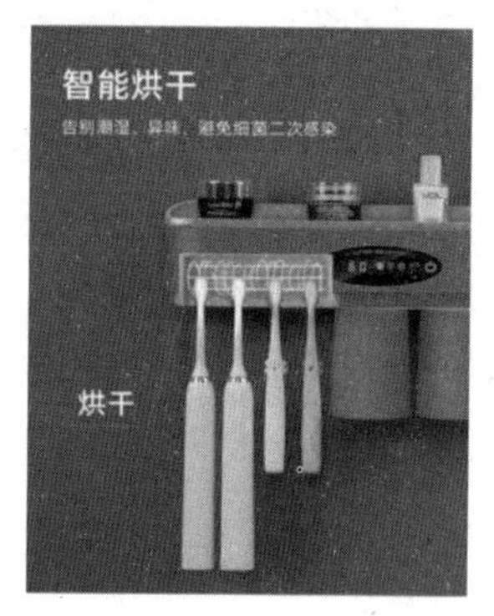

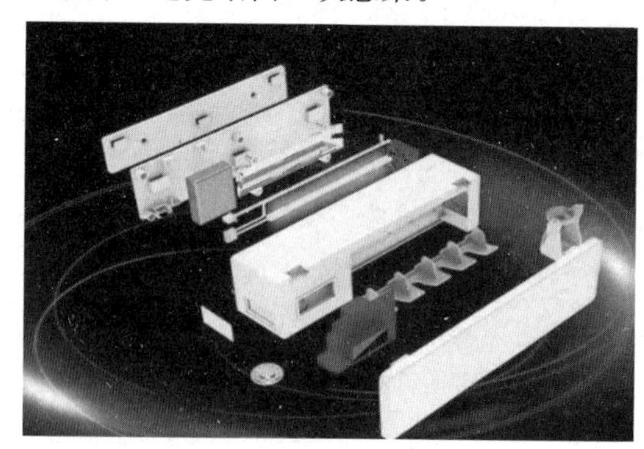

图 3-44　牙刷消毒器爆炸图

4.除螨仪原理

除螨仪通过电机运转带动底部滚刷条高频拍打，将螨虫及其他细菌从寝具缝隙中震荡出来，接着由底部紫外杀菌灯(UV)进行消毒，然后由负责吸力的电机带动，再将螨虫及其他细菌吸入集尘盒中(见图3-45、3-46、3-47)。除螨仪一般采用宽吸口，提高除螨效率，达到快速深层清洁的目的。

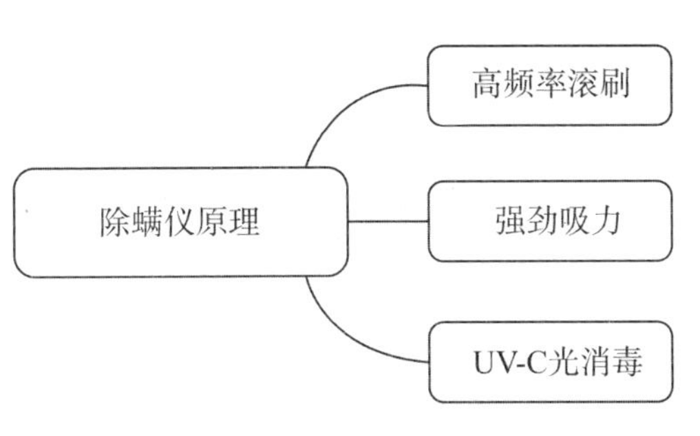

图3-45 除螨仪原理

图3-46 除螨仪滚刷

图3-47 除螨仪UV光

5.感应灯原理

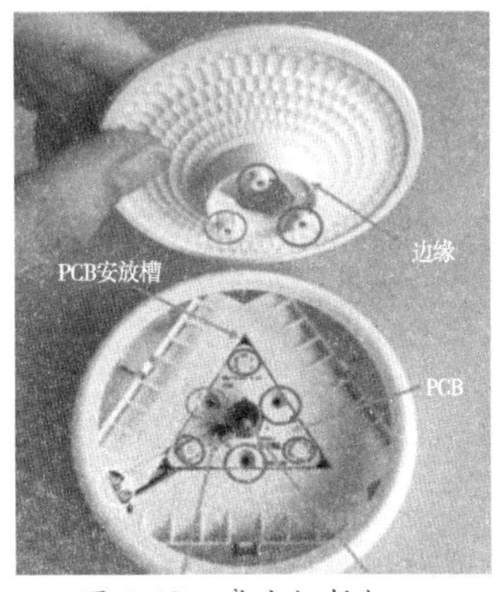

图3-48 感应灯拆机

感应灯的工作流程是当人经过时触发红外线感应装置，灯自动开始强光模式；当人离开感应范围时，灯自动转为微量模式(见图3-48)。感应灯主要有红外线感应灯、触摸式感应灯、声控感应灯和光控感应灯。红外感应的主要器件为人体热释电红外传感器。人体都有恒定的体温，一般在37℃左右，所以会发出特定波长的红外线，被动式红外探头就是探测人体发射的红外线而进行工作的。人体发射的红外线通过菲涅耳透镜滤光片增强后聚集到红外感应源上而被感应到。

触摸式感应灯原理是内部安装电子触摸式IC与灯触摸处之电极片形成的控制回路。当人体碰触到感应电极片，触摸信号由脉动直流电产生一脉冲信号传送至触摸感应端，接着触摸感应端会发出一触发脉冲信号，就可控制开灯；如再触摸一次，触摸信号会再由脉动直流电产生一脉冲信号传送至触摸感应端，此时触摸感应端就会停止发出触发脉冲信号，当交流电过零时，灯自然熄灭。

声控感应灯是声音震动时产生的，声波在空气中传播，如果遇到固体则会把这种震动传播到固体上。声控元件是对震动敏感的物质，有声音时就接通(电阻变小)，没有声音时就断开(电阻变得很大)。

光敏感应灯是通过光感应模块感应光的变化。光感应模块首先检测光线的强度，决定是否将LED红外感应灯的各模块待命和锁定。有两种情况：白天或光线比较强时，光感应模块根据感应值锁定红外感应模块和延时开关模块；晚上或光线比较暗时，光感应模块根据感应值，将红外感应模块和延时开关模块处于待命状态。

6.**洗衣机原理**

首先来了解波轮洗衣机的工作原理。简单点说就是靠底部的波轮片带动水流中的衣服旋转，让衣服在水中来回摩擦、揉搓，这类似用搓衣板搓衣服的原理，通过来回揉搓达到清洁的目的（见图 3-49）。

然后来了解滚筒洗衣机的工作原理（见图 3-50），这种滚筒洗衣机的原理是利用机械滚动，衣服在滚筒内不断被提升摔下，以模仿最原始的棒槌击打衣物来清洁的原理。

图 3-49　波轮洗衣机　　　图 3-50　滚筒洗衣机原理

7.**吸尘器原理**

吸尘器的系统通常由动力单元 M、集尘单元 S、控制单元 C 三个模块组成。动力单元主要包括电源、马达、叶片三个部件；集尘单元主要包括集尘空间、滤网、尘量指示三个部件；控制单元主要包括把手、吸头、导管三个部件（见图 3-51）。

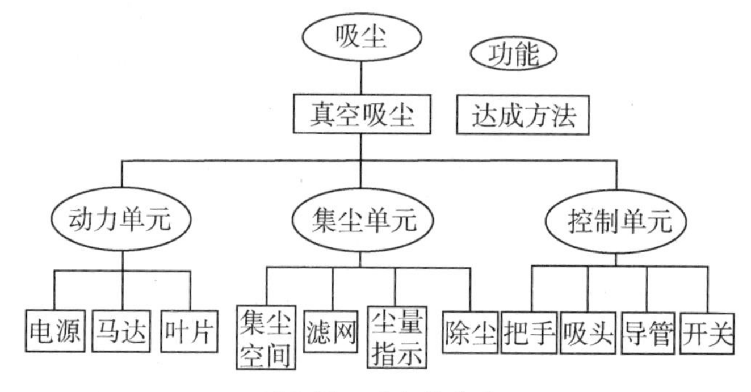

图 3-51　吸尘器系统

将吸尘器的不同单元模块整合就可以设计出针对不同使用方式的机器人，包括手持式、箱体式、扫地机器人式等，如此吸尘器也呈现出不同的形态（见图 3-52）。

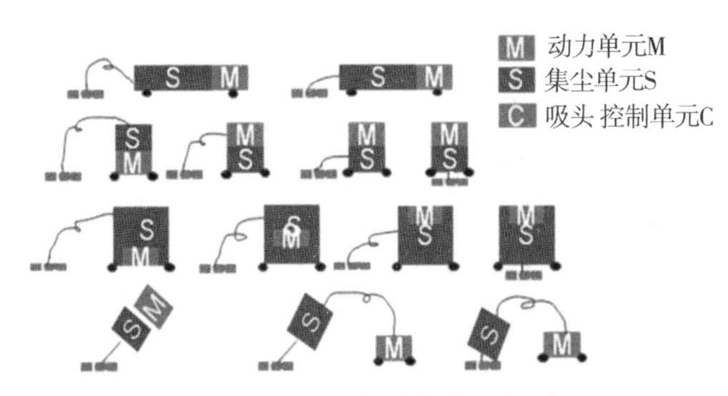

图 3-52 吸尘器部件多种组合形式

下面来赏析一个吸尘器的案例:扫地机器人。每一个扫地机器人都有一个控制单元,比如激光导航的扫地机器人是通过激光测距的方法生成室内地图,在此基础上合理地规划清扫路线。它的顶端设置有一个可旋转的激光发射头和配套接收器,通过发射激光扫描自身到边界每个点的距离,从而生成数字地图,还能根据屋内家具位置的变化实时进行更新(见图 3-53)。

扫地机器人的动力单元是通过电动机的高速旋转,在主机内形成真空,利用由此产生的高速气流,从吸入口吸进垃圾。这时气流的速度极高,虱子等害虫进入主机后,便因高速碰撞吸尘管内壁而死掉。

扫地机器人的集尘单元的作用是吸入扫地机的垃圾,并积蓄在布袋里,此时被过滤网净化过的空气,则边冷却电动机,边被排出扫地机(见图 3-54)。

图 3-53 扫地机器人导航系统

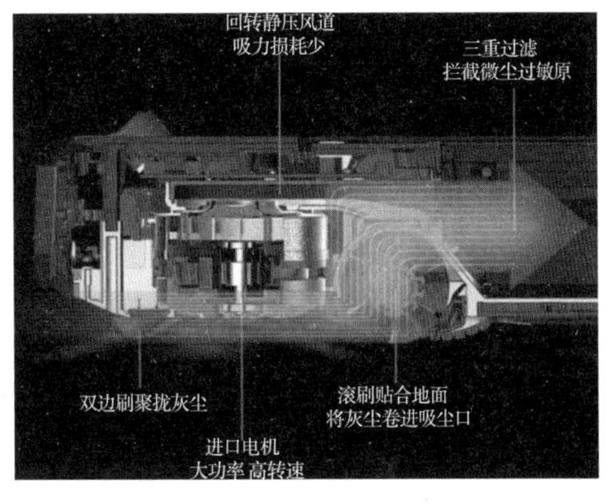

图 3-54 扫地机器人积尘单元

8. **微波炉原理**

微波炉是运用产生的 2450MHz 超高频电磁波(即微波),快速震动食品内的蛋白质、脂类、糖类及水等物质的分子,使之相互碰撞、挤压、摩擦,重新排列组合,靠食品内部的摩擦生热来进行烹调的(见图 3-55)。

9. **烤箱原理**

电烤箱的工作原理是:通电后,远红外发热片产生高温,并以远红外线形式向外辐射,其热量被食品吸收,食物便由表及里逐渐熟透,从而产生外焦里嫩的效果。

电烤箱主要由外壳、电热元件、定时器、控温器以及功率调节器等组成，其原理见图3-56。

图 3-55　微波炉加热原理

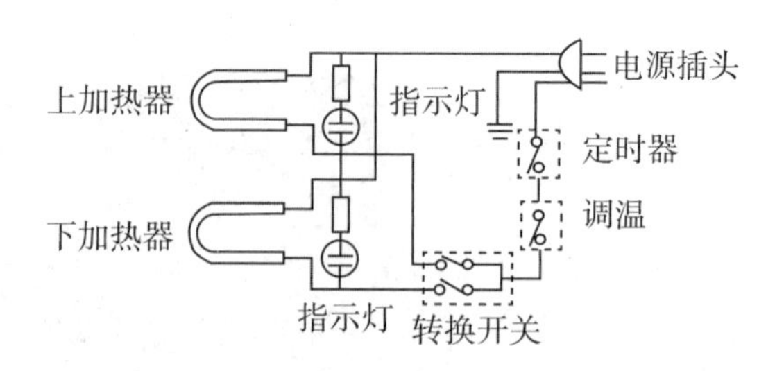

图 3-56　烤箱原理

10.**体重秤原理**

体重秤是利用力传感器来实现的，在置物平台上放上重物引发了内置电阻的形状变化，电阻的形变必然引发电阻阻值的变化，电阻阻值的变化又使内部电流发生变化产生了相应的电信号，电信号经过处理后呈现可视数字(见图 3-57)。

如图 3-58 所示的电子体重秤是一种智能型体重测量仪器，将其部件剖开展示，可以看到四角设有压力传感器，这就是体重秤的主要元器件。

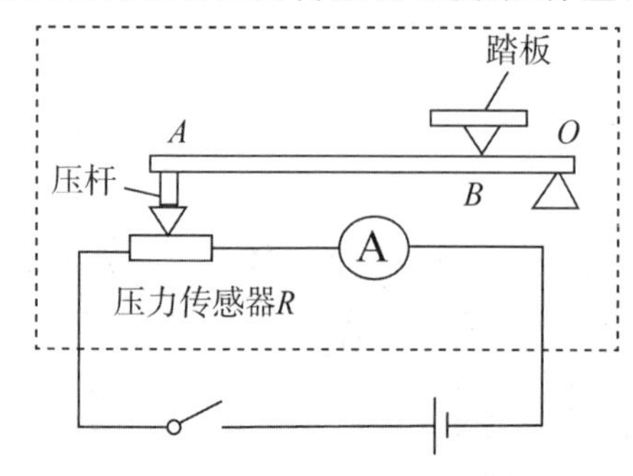

图 3-57　体重称原理

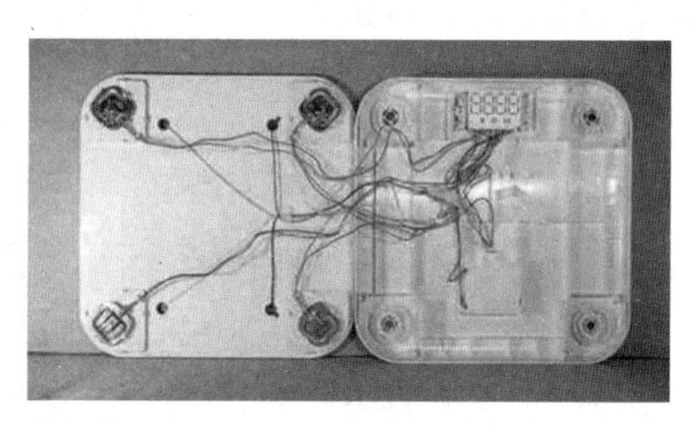
图 3-58　体重称的元器件

课后请学习破壁料理机的使用体验与设计理念。

料理机的使用体验

料理机的设计理念

3.4.7 矩阵图分析工具

矩阵图分析工具

矩阵图法是一种多维问题分析的方法，其基本步骤是将成对的因素排列成矩阵图，然后根据图形分析确定关键点，以探索问题。通过多因素综合思考，矩阵图法能够有效地帮助人们解决问题。它的具体实施步骤是，在问题事项中找出成对的因素群，并将其分别排列成行和列，然后通过分析行与列的相关性或相关程度的大小，来确定问题的关键点。矩阵图能够清晰地展示各品牌产品在整个行业中的地位和特征。在家电产品的资料分析中，我们常常使用以下形式的矩阵图。

1.品牌性格分析矩阵图

品牌性格分析矩阵图是使用一种方阵形式的图示法。首先绘制一个圆角矩形，然后在其内部绘制横向和纵向的线，形成一个方阵的形式。以厨电为例(见图3-59)，图中横向的设计因素为基本和享受，其中清洁、安全、潮流、个人识别、享受五个关键点被列举出来。纵向的设计因素为外观和功能，其中外观、智能、品质、功能和价格五个关键点被列举出来。根据横向和纵向列举出的关键点，在矩阵图中放置收集到的厨电品牌，使其对应到相应的位置中。运用矩阵图，可以清晰地了解每个品牌的性格与特点，从而做出品牌性格对比。

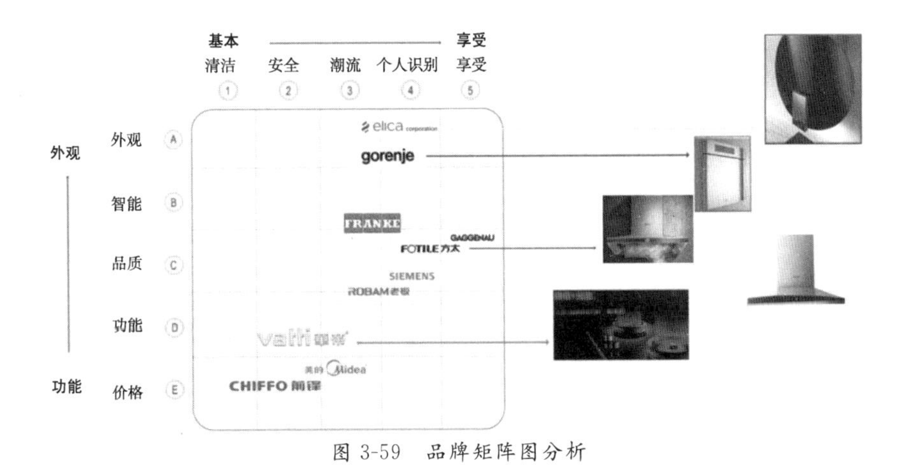

图3-59 品牌矩阵图分析

2.产品需求趋势分析

产品需求趋势分析是采用坐标轴形式的矩阵图(见图3-60)，首先绘制坐标轴的横轴和纵轴，横轴表示时间因素，区间为1980年至2010年；纵轴则用不同颜色的小方块表示审美需求、技术需求、体验需求和品牌需求。随后，运用不同颜色的曲线表达不同需求的趋势变化。通过分析矩阵图，可以清晰地观察到不同需求因素在不同时间段的变化趋势。目前，审美需求是上升最快的一种需求，而体验需求也逐渐开始凸显。

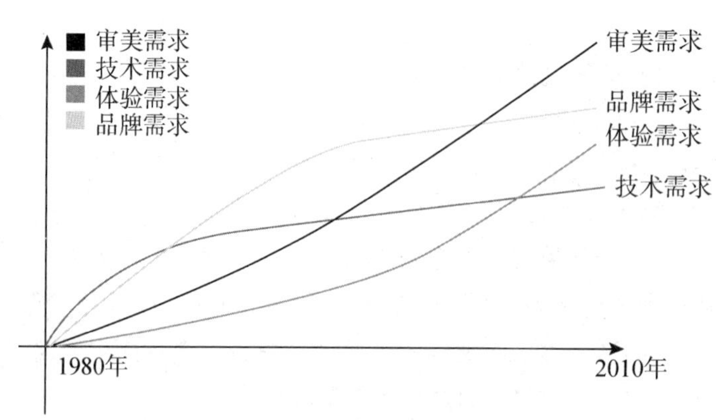

图 3-60　产品需求趋势分析

3.产品设计语言趋势性分析

产品设计与语言趋势分析使用柱状形式的矩阵图(见图 3-61)。首先绘制一条代表设计语言的横轴,上面列举了目前市场上的 15 种设计语言,包括未来感、形态差异化、灯光装饰、自由搭配、健康生活、绿色生态等。然后,运用长柱形的高度来表示设计语言之间的差异。首先绘制每个设计语言以前的高度,然后绘制每个设计语言当前的高度和趋势变化。同时,设计语言所代表的图片也可以放置在合适的位置上。通过分析矩阵图,能够清晰地了解每种设计语言的趋势变化和市场受欢迎程度,并能够进行相应的产品设计和市场策略调整。

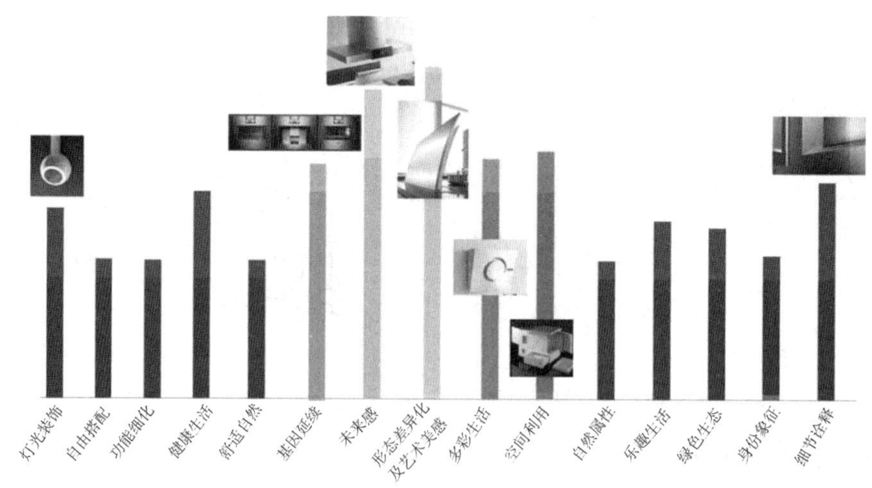

图 3-61　产品设计语言分析

4.产品定位矩阵图

如何通过产品价格了解产品档次?可以运用产品定位矩阵来进行分析(见图 3-62)。首先画出纵横交错的虚线方阵,横向表示时间因素,纵向表示价格因素。将不同价位、不同上市时间的产品放置在适合的档区,使用色块将高、中、低端产品进行归类分析。通过这种方法可以分析出不同档次产品的定位。例如,高端油烟机的定位是精致、高贵和高性能,中档产品的定位是简洁,低档产品的定位则可以是常规和干净。

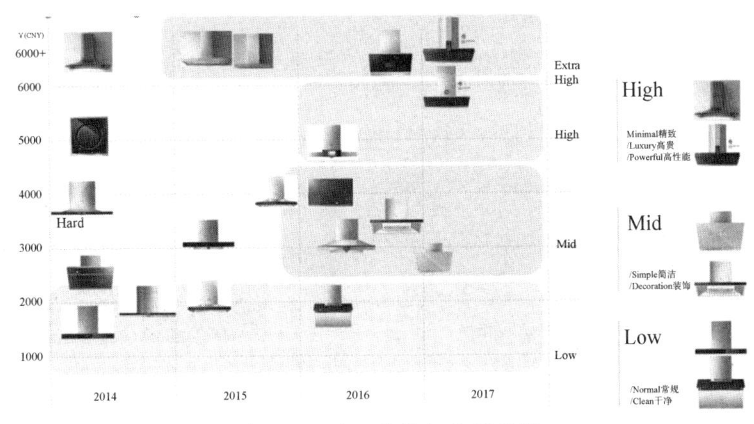

图 3-62 产品定位矩阵图案例

3.4.8 全球家电风格趋势

全球家电设计风格分析

在家电设计行业，了解设计趋势是至关重要的。只有掌握了当前的设计方向和潮流，才能在市场中脱颖而出。因此，作为一名设计师，我们需要不断关注市场的变化和消费者需求的变化。只有这样，我们才能设计出更具有创意和时尚感的家电产品，满足消费者的需求并顺应时代的潮流。常见的家电产品的设计风格趋势如下：

1. 简洁、大气的风格趋势

采用简单的几何形体作为主体，注重细节设计和配色，突出简洁、大气的风格(见图 3-63)。

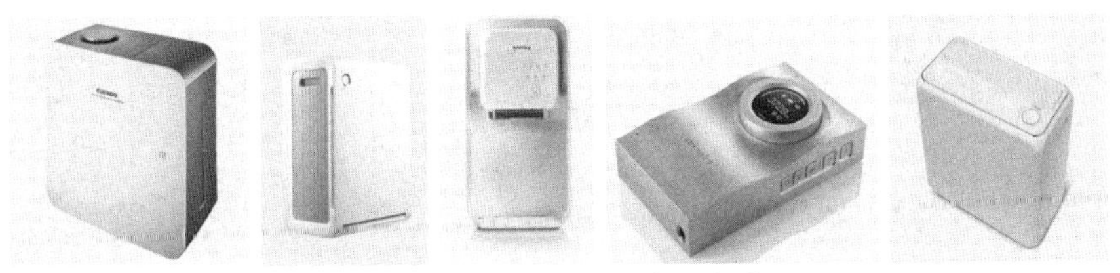

图 3-63 简洁大气的产品系列

2. 优雅、细腻的风格趋势

采用柔和优雅的曲线、弧线或大曲面作为主要特征，打造出优雅细腻的感觉，设计流畅细腻(见图 3-64)。

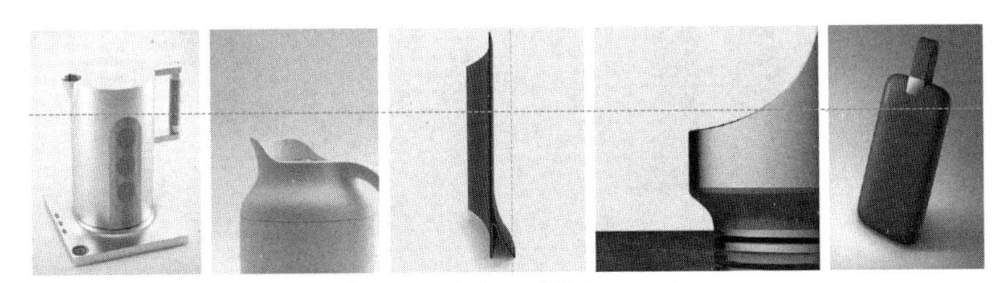

图 3-64 优雅细腻的产品系列

3.极致、细节的风格趋势

在简洁大气的基础上，注重按键、灯光、散热孔、操作界面等细节的设计，并将其打造成产品的亮点，凸显出极致、细节的感觉(见图 3-65)。

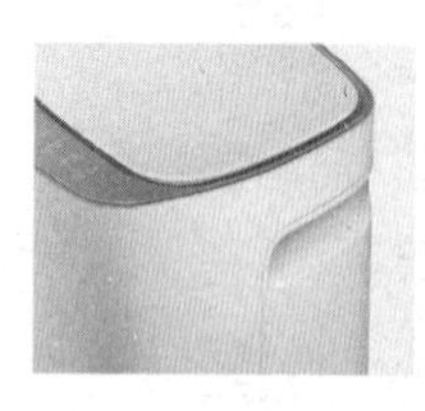

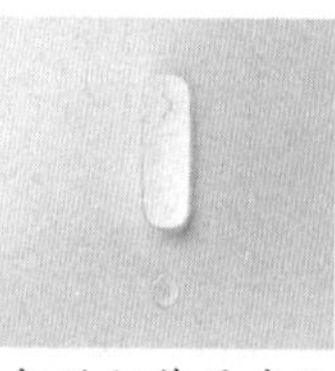

图 3-65　极致细节的产品系列

4.专业、品质的风格趋势

以方形作为产品的主体特征，注重产品细节的设计，既体现出方正、稳重的感觉，也凸显出专业的品质感(见图 3-66)。

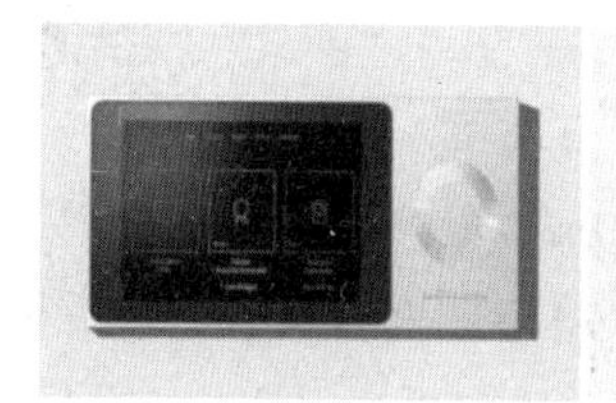

图 3-66　专业品质的产品系列

5.时尚、感性的风格趋势

采用靓丽的色彩作为点缀，以抽象或仿生的形态作为产品的形态特征，彰显出时尚、感性的风格(见图 3-67)。

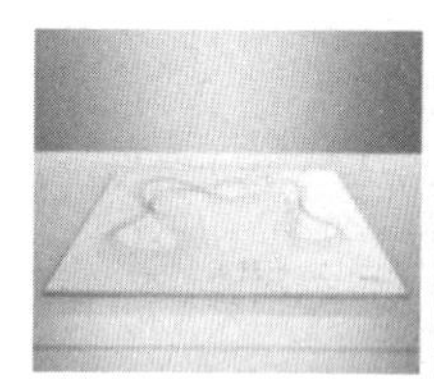
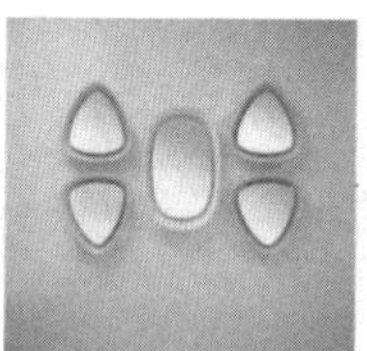

图 3-67　时尚感性的产品系列

6.舒适、体验的风格趋势

营造舒适的人机操作，注重用户实时体验感，运用新技术，让用户使用家电产品更加方便、顺畅，带来愉悦的使用体验(见图 3-68)。

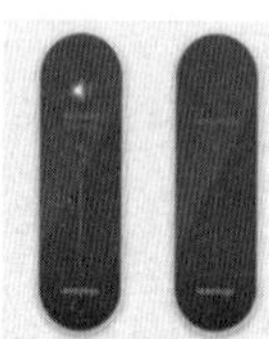
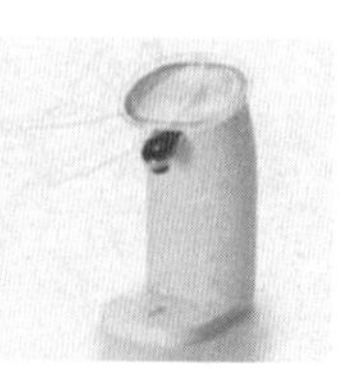

图 3-68　舒适体验的产品系列

7.整体、融合的风格趋势

通过整合、融合等方式实现产品整体化，改变传统家电种类繁多、使用不方便、占据空间的缺点，使家电产品更加紧凑、方便、实用(见图3-69)。

图3-69　整体融合的产品系列

8.跨界、互联的风格趋势

物联网技术在家电领域的应用，实现了家电的跨界互联，打破了传统时间与空间的束缚，为用户带来超前的生活体验(见图3-70)。

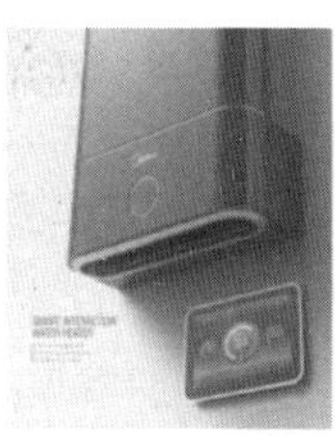

图3-70　跨界互联的产品系列

9.层次、立体的风格趋势

通过切割、分型、凸起和凹陷等方式，将产品不同操作区域和不同功能的层次划分出来，营造丰富感觉，使家电产品更加立体且富有层次感(见图3-71)。

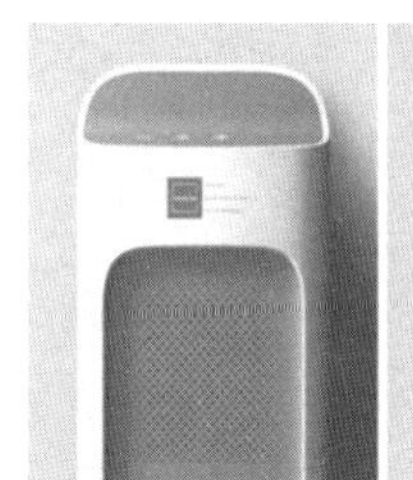

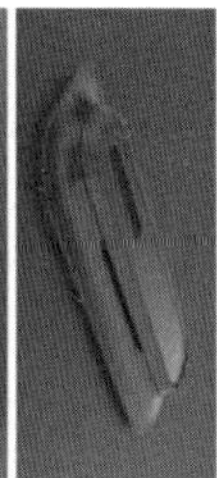
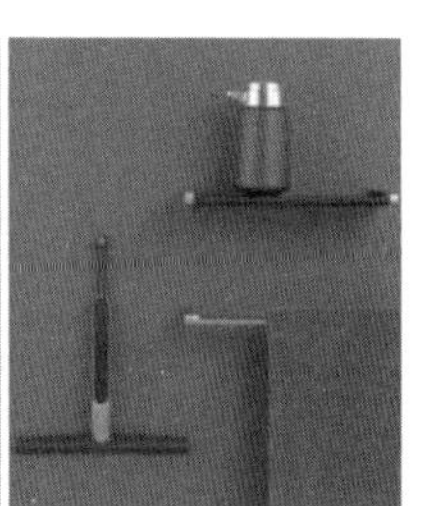

图3-71　层次、立体的产品系列

3.4.9　包裹设计

包裹设计

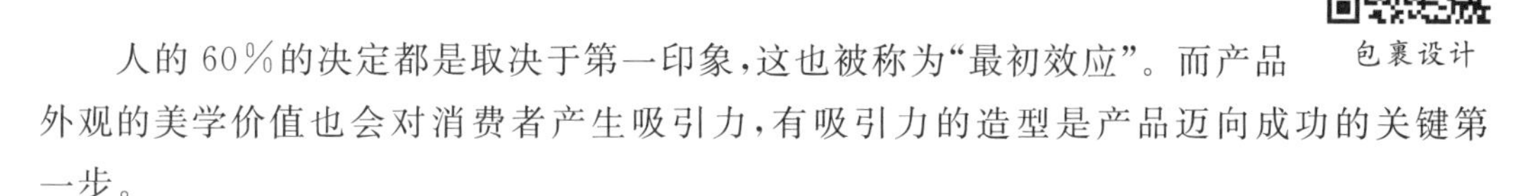

人的60%的决定都是取决于第一印象，这也被称为“最初效应”。而产品外观的美学价值也会对消费者产生吸引力，有吸引力的造型是产品迈向成功的关键第一步。

工业设计在产品设计中扮演着重要的角色，其中之一就是在产品造型和形态方面进行研究。因为大多数实物产品最终都是以一定的形态和造型呈现在用户面前的。

在设计产品时，往往会受到内部电子、机械元件等方面的约束，这会对外观造型带来一定挑战。学生们很容易就做出方形、球形等常见形状，但实现轻薄、丰富等细节上的精进则非常困难(见图 3-72)。

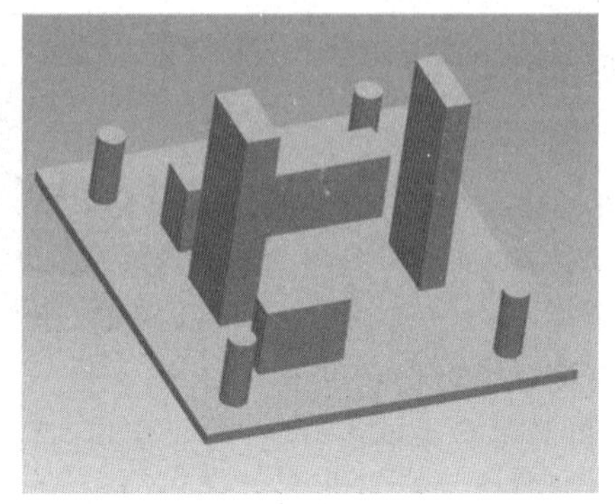

图 3-72　产品造型的误区

自从 SONY 的设计师流行“包裹”形状后，这种外观语言让人感受到强烈的现代科技感，造型也非常饱满充实，有着深刻内涵的感觉。“包裹”已广泛应用于各种电子、家电产品中。

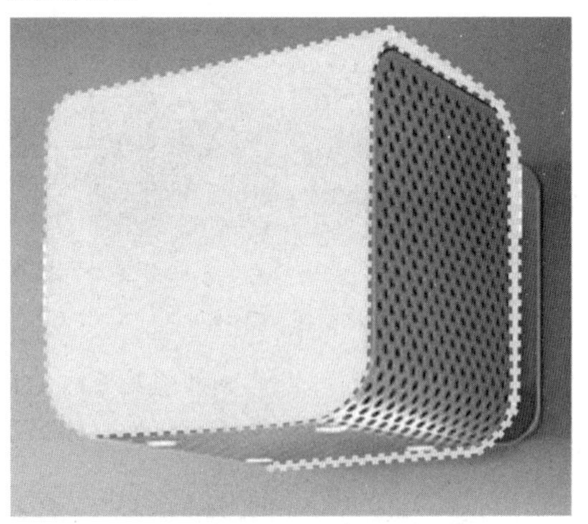

图 3-73　包裹形态壁挂式音箱

1. **什么是包裹?**

“包裹”设计语言主要运用面片的造型元素，使一个形态元素被另一个形态元素所包容，从而在视觉上感受到包容元素已被内部元素所包含的感觉。例如，壁挂式音箱的红色外壳就形成了一个包裹式的面片造型(见图 3-73)。

2. **包裹造型形式**

常见的包裹造型方法主要有以下六种形式：

第一种是圈状包裹，即提取产品周围一圈的面片，将主体包裹起来。第二种是杯状包裹，包括一周四个面的包裹和底部的包裹。第三种是片状包裹，通过提取产品几何曲面成薄片状，从不同角度进行一种半封闭式的包裹。第四种是布袋状包裹，通过运用曲面面片的形态，将包裹与主体结合，四边采用弧线形内陷，呼应面片的曲面特征，塑造出产品后背的虚空间。第五种是环绕缺口包裹，在圈形包裹的基础上剪掉一部分曲面，让主体的一部分外露出来，以增加产品的层次感。第六种是咬合状包裹，利用上下或左右相互对应的两片面片，呈现互相咬合的形式来包裹产品主体。

3. **包裹实现效果**

实现包裹效果可以带来几个显著的好处。

首先,它能够为产品增加层次感,使得造型更具有立体感。例如智能门铃(见图 3-74),在后盖上采用延伸面片并与主体包裹相连,同时在上部使用直面片作为延伸,这样可以呼应面片的直面特征,同时塑造前部的虚空间,使得整个产品更具层次感。

其次,包裹效果可以突出产品的功能重点,让用户更容易理解和使用。采用包容式组合方式,将功能区域单独设计成灰色区域,这样可以让用户更容易发现与理解产品功能,从而方便使用。

再次,包裹效果还可以改变产品的体量感,使得外观更为轻薄。例如在针对一些体量感较大的产品(见图 3-75),如立式风扇、油烟机等,通过包容式组合方式,可以将面片之间的体块向内推进,表现出轻巧、纤薄的感觉,从而减弱产品的体量感。

图 3-74 包裹实现的效果

图 3-75 立式风扇包裹实现的效果

最后,包裹效果还能产生色彩与材质对比,增强形态的丰富性。由于包裹面片为单独部件,可以为面片设计不同的色彩与材质,从而形成对比,加强了产品造型的丰富性。

请大家观看视频继续学习产品线条的魅力、产品比例的优化。

线条的魅力

完美比例

3.4.10 产品细节设计

产品细节设计

提升产品细节常用的五种方法包括:改变丝印形状、增加纹理、加标识、搭配材质与色彩、在不显眼的位置增加设计细节。

1.改变丝印形状

首先进行一次丝印效果的比较(见图 3-76)。左边的图片展示了传统的丝印效果,而右边的图片则展示了一种变化过的丝印形状。通过将丝印的图案图标化,它清晰地传达了其功能和语义。此外,一些产品,例如手机上的按键图标以及空气净化器的操作界面图标,均实现了图案化。这些图标形象生动,十分简明易懂。

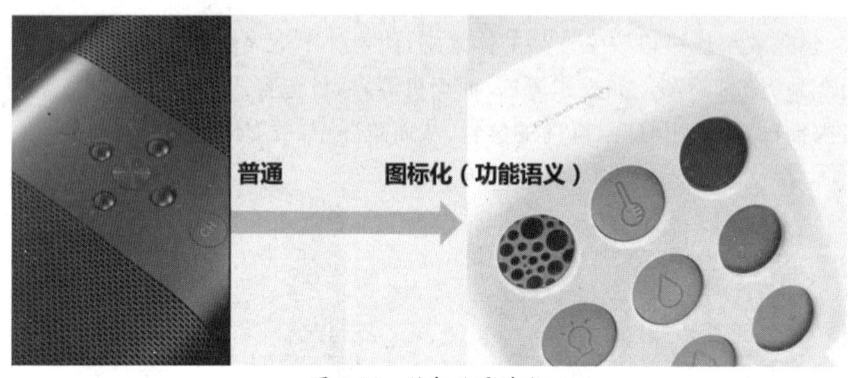

图 3-76 丝印效果对比

2.增加纹理

为了提高一些原本面无特色、单调无味的产品的耐用性,我们可以通过增加纹理来丰富产品的外观。比如在圆柱体的大表面上增加了凹凸的浅竖纹理,这些纹理可以让产品更加耐看,具有更高的价值。同时,我们还可以在一些特殊的部位增加纹理,比如按钮(见图 3-77)。其部件的纹理设计让产品更精致、更漂亮,更有耐久性。纹理的形态可以是直线,也可以是曲线;排列方式也可以是横向或者斜向。这些纹理的变化可以增加产品的细节和精致感,为其增色添彩。

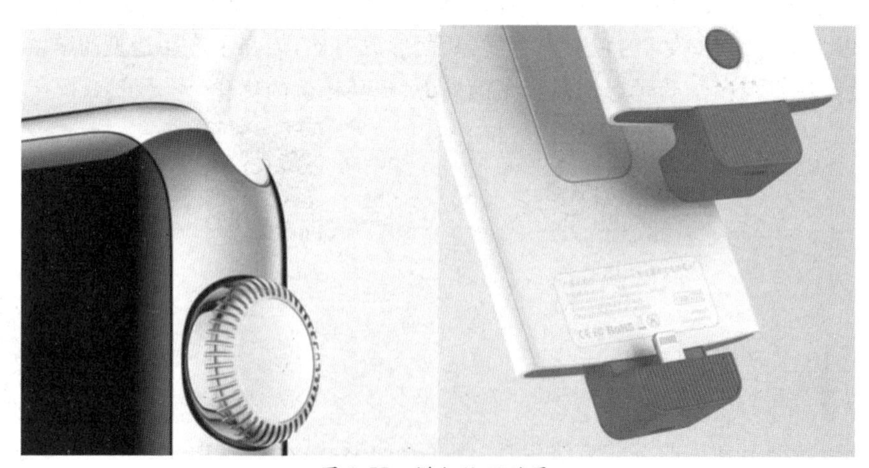

图 3-77 增加纹理效果

3. 加标识

第一种标识方式是使用丝印工艺，将平面的标识印在物品表面，如手表底部及SONY产品表面的LOGO。这种方式的完成效果较为光滑平面(见图3-78)。

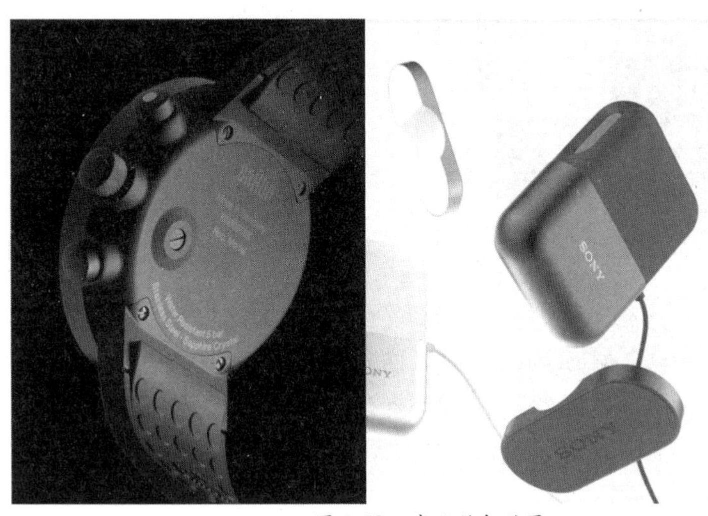

图3-78　产品丝印效果

第二种标识方式则是运用激光镭雕技术，可以制造出具有凹凸效果的标识，例如鼠标表面的凹纹LOGO、小虎音响的产品标识以及金属手表底面的浮雕LOGO设计等(见图3-79)。这种方式的标识由于有凹凸感，更能增添物品的立体感，使物品表面的视觉效果更加具有吸引力。

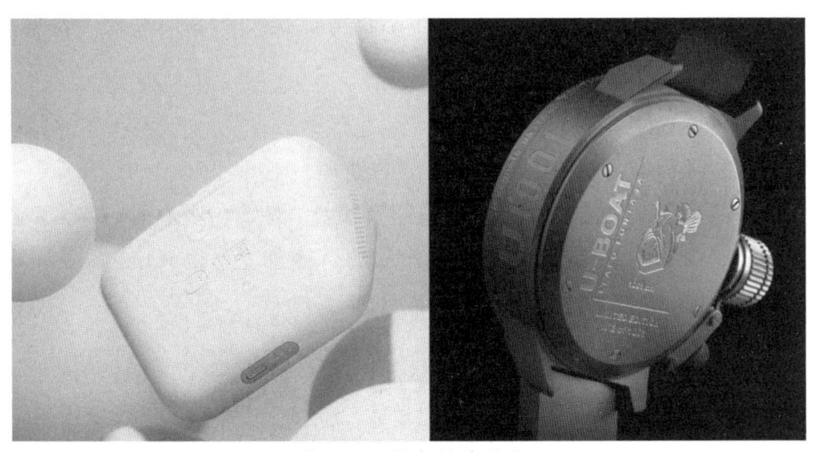

图3-79　激光镭雕效果

4. 搭配材质与色彩

为了增强产品的高端品质感，可以使用不同的材质与色彩来进行点缀和润色。例如，在产品的一个小部件上增加金属点缀，在玫瑰金的点缀与黑色的搭配下，形成了鲜明的对比，既提升了产品的质感，又增添了视觉效果(见图3-80)。同时，还可以使用皮革等不同材质进行点缀，比如为音响设计皮质提手，增加了产品的亲和力。此外，对于一些家用小电器，则可以在支脚处设计木质感的支撑脚，使其更好地融入家居环境，体现家电家具化的趋势。

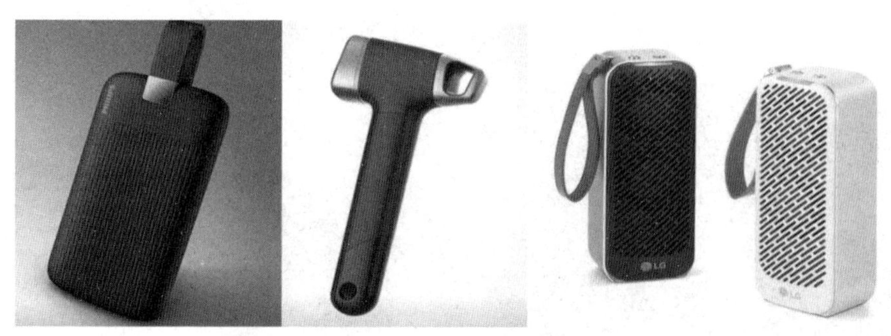

图 3-80　不同材质与色彩混搭

此外在色彩方面，虽然黑、白、灰是产品中的经典色彩，但如果想要凸显产品的特点和亮点，可以适当运用彩色点缀。例如在水龙头的内凹面采用亮色设计，空气净化器采用直线条的绿色点缀，手持产品的黑色外观在手柄处采用红色小方块凹陷面的设计，方块上还可以印上产品的标识，通过色彩的引入，既能增加产品的辨识度，也为产品增色不少(见图 3-81)。

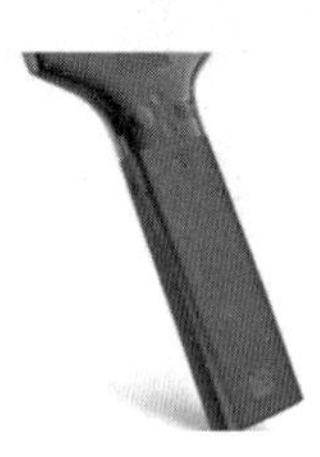

图 3-81　产品色彩混搭

总之，通过合理的材质与色彩点缀设计，不仅可以提升产品的品质与趣味性，还可以更好地满足消费者的不同需求。

5. 在不显眼的位置增加设计细节

在产品设计的过程中，我们也要注重细节的处理。对于不显眼的位置(见图 3-82)，比如侧面、底面、隐藏面等，我们可以添加一些细节设计，例如利用丝印、镭雕工艺等来标注产品型号和安全标识。同时，我们也可以在产品的背面加上 LOGO 或者在一些小面上加上具有凸凹效果的 LOGO 来提高产品的美观度。

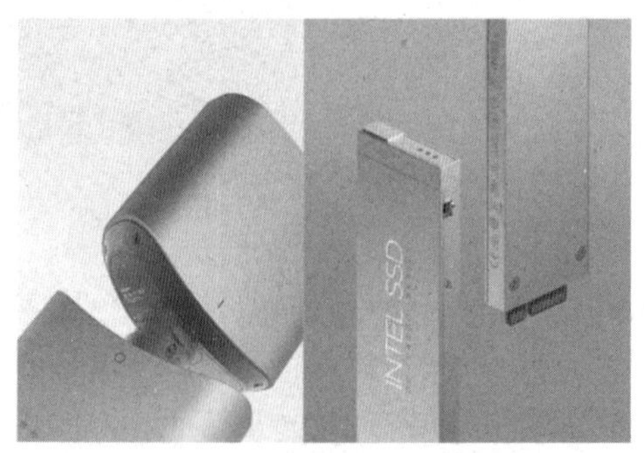

图 3-82　产品不显眼的位置的细节设计

另外，在产品底部孔的设计上，我们也可以进行美化。例如采用阵列形式将散热孔进行排列，或者利用不同形状的散热孔来增加产品的设计感。如产品底部利用重复的阵列，在充电口的两侧分布散热孔，或将散热孔设计成了渐变大小的孔，呈现出丰富多彩的效果（见图3-83）。

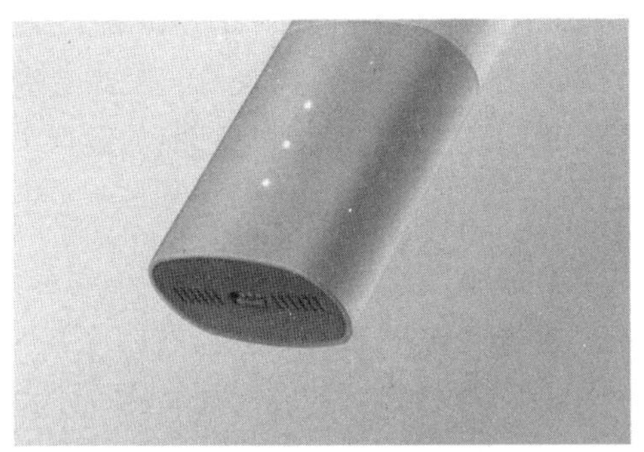

图3-83 产品底部散热孔设计

这些细节处理不仅可以提升产品的外观质感，也能加强产品的品牌形象。

3.4.11 CMF设计

CMF的认知

近年来，CMF概念已在家电业广泛流行，国内龙头家电生产企业均设立了专业的CMF部门，CMF课题被提升到前所未有的战略高度。

CMF，即Color（色彩）、Material（材料）、Finishing（表面处理）的英文缩写，已被广泛认知。作为产品设计的重要组成部分，CMF设计决定了产品外观的色彩、肌理、表面效果等绝大部分视觉及触觉可感知的方面，极大地改变了一件产品的调性，对产品的感性意象有着重要影响（见图3-84）。

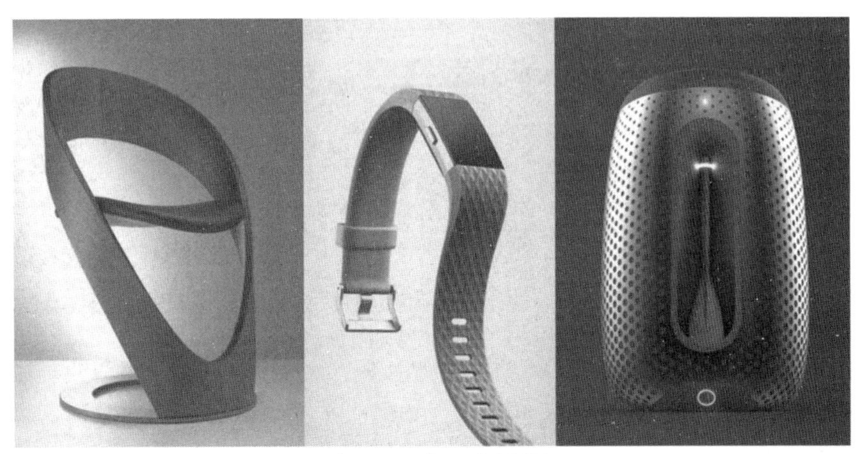

图3-84 产品的CMF

特别在当今设计趋同的时代，产品造型多为简洁的几何形态，很多不同公司的产品放在一起，如果遮住LOGO，很难区别出哪个产品是哪个公司设计的。CMF可以在材质、颜色、表面处理上进行较大发挥，成为差异化设计的主力。正因为如此，CMF 热点更新换代快，设计师需要保持敏感的神经，才能跟得上产品对颜色、材质、表面处理的需求。

既然 CMF 那么重要，作为一名设计师，一般应该如何把握 CMF 的趋势以及应用呢？首先最基本的是拿来主义，业界很多供应商有对该方向的专业研究，设计师可以收集这些信息以为自己所用。其次是组合，实现对现有产品 CMF 降低成本的开发，以满足降成本或者低端产品的需求，跨界组合解决产品实际的痛点。最高层次是颠覆性设计，要达到这种高度很难，例如苹果，将 CNC 工艺从打样运用到产品的量产实现。

1. 产品中常用的材料

家电常用材料

在 CMF 设计中，代表材料的字母是 M。M 是 Material 材料的首字母，材料是产品设计的载体，直接影响产品的工艺、色彩、性能等方面。材料选择是工业设计中非常重要的环节，对材料的认识和掌握是实现产品设计的前提和保证。工业产品的先进性不仅体现在功能和结构方面，还体现在材料选择和工艺水平上。人类经验的获取中，65%来自视觉，25%来自听觉，10%来自触觉，而消费者从视觉和触觉中所获取的产品信息和造型语言是由材料承载的。

在 CMF 设计中，新材料的应用以及材料新应用都为 CMF 设计提供了更广阔的空间。材料在整个产品设计中至关重要，不同产品选取不同材料造型，同一产品因选材不同呈现的形象和气质也大不相同。

材料在家电产品设计中占据了 80%以上的比重，而剩下的 20%则集中在色彩和工艺处理上。近年来，家电产品的设计主要使用金属和塑料材料，并配合一些环保型新材料。常用的冲压件金属材料主要包括钢铁类、铜铝及有色金属、耐腐蚀（耐热）材料三类。塑料材料主要是热塑性塑料，对于不同性能的家电，对材料的要求也不同。

首选的常用材料是塑料，因为其工艺成熟，价格低廉。大约 90%的塑料是热塑性塑料，其余为热固性塑料（见图 3-85）。

图 3-85　常见的塑料用品

通用塑料如 PP（聚丙烯）、PS（聚苯乙烯）和 PE（聚乙烯）等占据了大部分热塑性塑料，而工程塑料如 ABS、PET（聚对苯二甲酸乙二醇酯）、PC 和 PMMA（聚甲基丙烯酸甲酯）则占据了热塑性塑料中的一部分。家电产品中常用的塑料件包括电冰箱的果蔬室、内胆、抽屉、蛋架、托盒、门衬条、保温发泡层和密封条等。在电冰箱中，这些塑料件的用量占据了其重量的 40%～45%。洗衣机中常见的塑料件包括内筒、喷淋管、内盖板、底座、排水管、齿轮和叶轮等。在空调器中，除了动力部件、室外机壳和固定板外，几乎所有的部件都使用了塑料。

第二种常用材料是透明材料，主要包括透明PC和PMMA。玻璃的运用可以增强家电产品的现代感和科技感。冰箱、空调、洗衣机的玻璃外壳经过印刷和镀膜等技术处理，形成彩晶玻璃、层架玻璃和盖板玻璃等(见图3-86)。

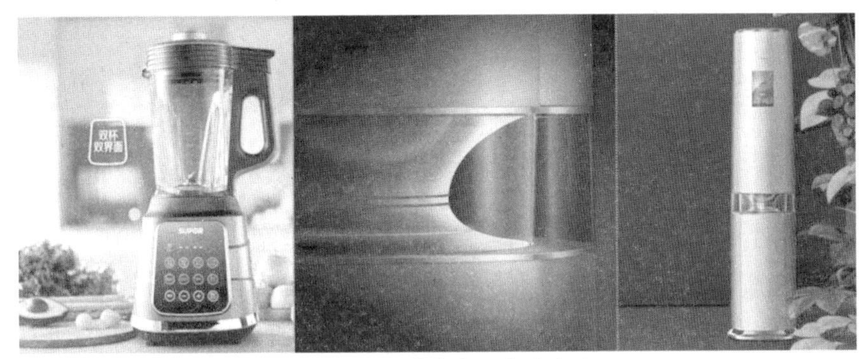

图3-86 玻璃在产品中的应用

第三种常用材料是金属，代表着科技、艺术和高端的感觉。高端家电产品的支架、音响和电视机都使用了金属。因为铝合金的优异性能，空调和冰箱的冷凝管、热水器水箱逐渐用铝合金代替铜；美的饭煲实现了工艺突破，基于造型的梯形造型，做真金属一体成型铝件机身，突破了以钢板拉伸的金属效果，保证了产品的品质感与整体感(见图3-87)。

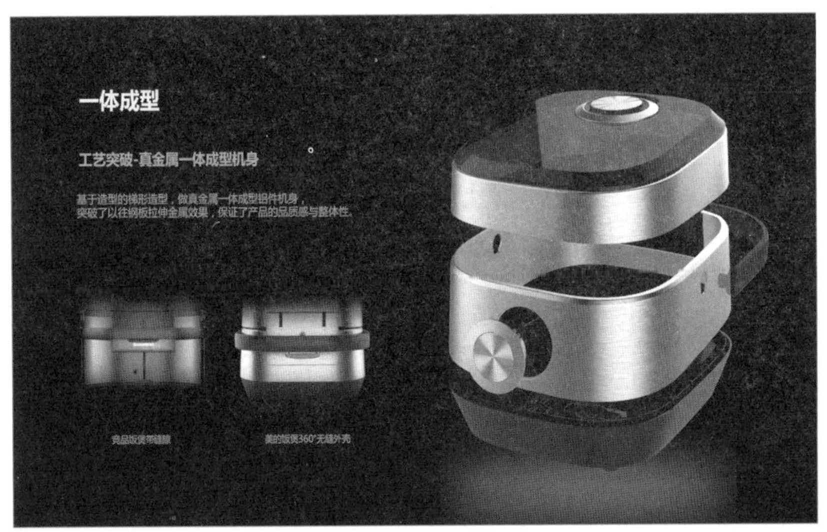

图3-87 金属在产品中的应用

第四种常用材料是木，作为一种绿色天然材料，给人以亲切舒适的感觉。木与塑料或者金属材料在家电产品上的搭配使用，不仅可以给产品带来亲切自然的感觉，而且可以传达出健康生活的理念(见图3-88)。

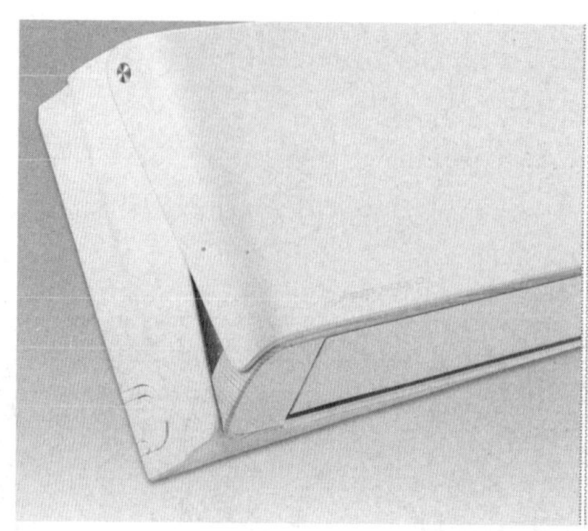

图 3-88　木在产品中的应用

第五种常用材料是网布，常用于黑色家电和家用电器上。网布多样且色彩丰富，多用于中小音响的出音孔，以及一些家电产品的出音区域。高档的网布材质可以提升家电产品的档次，体现出舒适的家居感。常用的网布纹理包括切面几何分型、线条几何分型和功能几何分型(见图 3-89)。

不同材料的升级是决定家电产品外观升级的重要因素。自然材料如木、网布和石材的运用逐渐由小及大，而金属材质则依然是高端家电的主要运用材料。

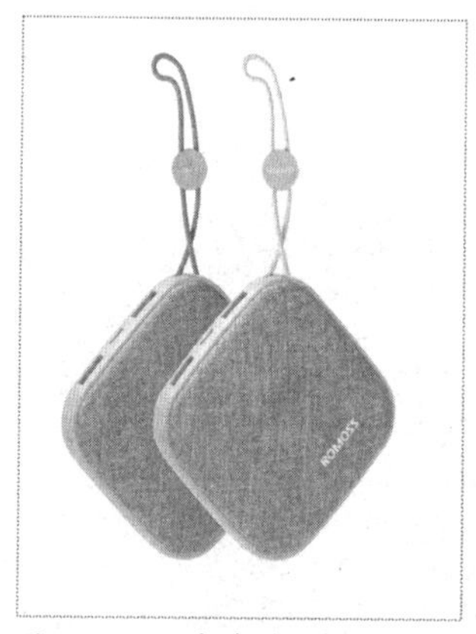

图 3-89　网布在产品中的应用

家电常用工艺

2.产品中常用的工艺

F 是 Finishing 工艺的首字母。产品设计中的工艺主要包括机械加工工艺和表面处理工艺两类。机械加工工艺的目的是改变生产对象的形状、尺寸、相对位置和性质等，从而制造成品或半成品。它包括每个步骤和流程的详细说明。例如，粗加工可能包括毛坯制造、打磨等，而精加工可能分为车、钳工、铣等。表面处理工艺是一种人工处理方法，在基体材料表面形成一层与基体的机械、物理和化学性能不同的表层。它的主要目的是满足产品的耐蚀性、耐磨性、装饰性或其他特殊功能要求。

CMF 设计师主要以应用为主，通过设计发挥工艺的潜能，通过工艺表达设计思想。表面处理是待材料加工成型后对其表层进行机械、物理、化学性处理的工艺操作。不同材料可以根据其表面性质和状态进行切削、研磨、抛光、冲压、喷砂、蚀刻、涂饰、镀饰等不同的处理工艺，从而获得不同效果。

产品中常用的表面处理工艺有以下九种：

第一种是原色处理，即材料表面不经过任何化学或涂覆处理，反映材料本身的外观特质(见图 3-90)。

第二种是喷涂，通过在物体表面喷涂涂料，起到装饰和保护作用。例如产品可以在产品的把手、链接阀、提手、外壳等部件上应用喷漆工艺(见图 3-91)。

图 3-90 原色工艺

把手
材质：ABS
颜色：象牙白
表面处理工艺：表面模具镜面抛光（喷漆）
光泽度：亮光
成型工艺：模具注塑

提手
材质：ABS
颜色：象牙白/医疗蓝双色
表面处理工艺：表面模具镜面抛光
光泽度：亮光
成型工艺：模具注塑

连接阀
材质：ABS
颜色：象牙白
表面处理工艺：喷漆
光泽度：亚光

外壳
材质：ABS
颜色：象牙白
表面处理工艺：喷漆
光泽度：亮光
成型工艺：模具注塑

brenotech

图 3-91 喷涂工艺

第三种是免喷涂工艺，可直接注塑、无须喷涂即能实现多彩外观效果的材料，既能满足环保法规、保护人体健康，又能为企业节省成本。

第四种是阳极氧化，主要应用于铝，具有保护性、装饰性以及其他功能特性(见图3-92)。

图 3-92 阳极氧化工艺

第五种是电镀，利用电解作用使金属或其他材料制件的表面附着一层金属膜，起到防止金属氧化及增进美观等作用。如图 3-93 所示在按键、顶盖装饰边框以及空调面板处都使用了电镀，起到美观装饰效果。

第六种是水镀，将被镀件在室温下置于水镀液中，作轻微晃动，在较短时间内即可完成。如图 3-94 所示在电视机的支脚处使用了水镀工艺，实现了科技感与艺术共存。

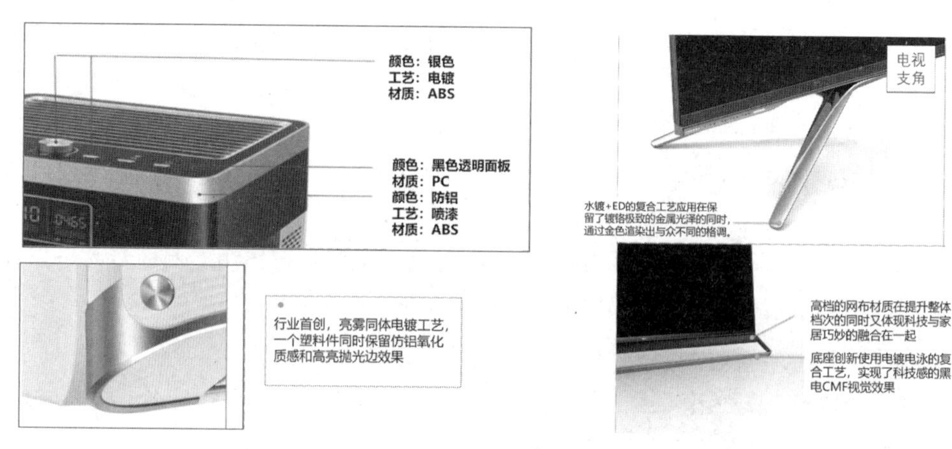

图 3-93　电镀工艺

图 3-94　水镀产品工艺

第七种是 IMD，即将已印刷好图案的膜片放入金属模具内，与树脂接合固化成成品的一种成型方法。如图 3-95 所示洗衣机的面板使用了 IMD 工艺的效果。

第八种是镭雕，通过激光器发射的高强度聚焦激光束对材料进行加工。如收音机的镭雕 LOGO 效果，透光均匀(见图 3-96)。

图 3-95　IMD 工艺

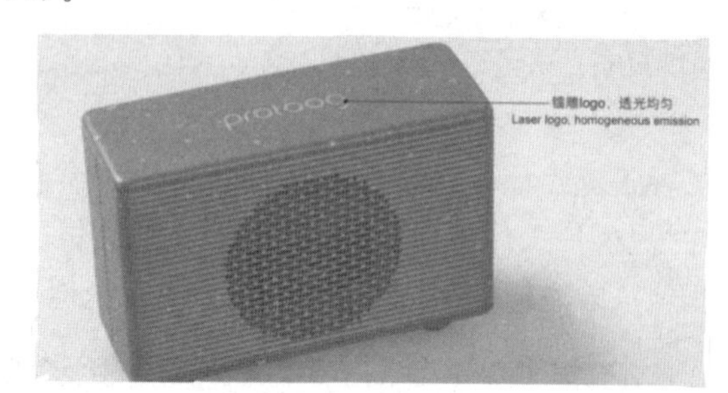

图 3-96　镭雕工艺

第九种是转印，通过热转印或水转印等技术将图案印刷到成品材料上，实现色彩效果多样(见图 3-97)。

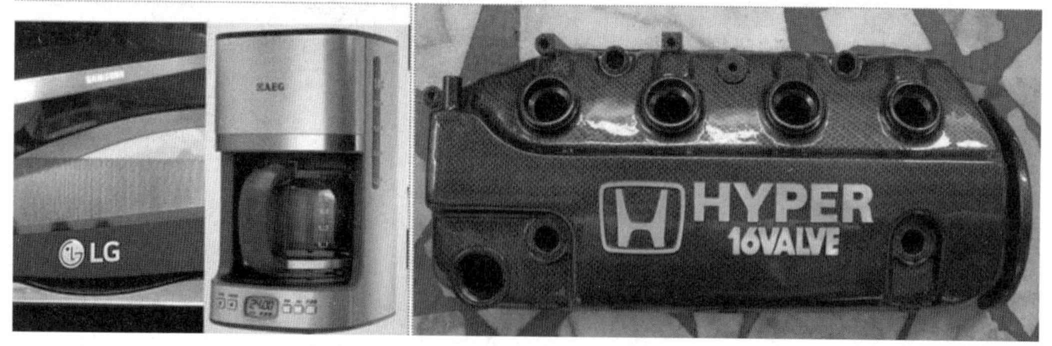

图 3-97　转印工艺

在家电产品设计中，这些表面处理工艺可以体现产品细节和品牌优势，为产品注入更多的价值。

3.产品中常用的色彩搭配

家电常用色彩

C是Color色彩的首字母，在CMF设计中扮演着重要角色。除了纯度、色相和明度外，色彩在产品设计中还包括了关于光泽度、镜面效果、透明度、半透明度和云母效果等各个方面的展现。此外，材质和表面结构也影响色彩，最根本的影响还是归咎于色彩所代表的情感联想或体验。

在家电设计领域，色彩搭配至关重要。设计师不仅需要关注流行元素如街头文化、现代艺术和时装秀等变化，还要思考和研究色彩在不同材质和纹理下的协调性。

家电中常用的色彩搭配有五种：

第一种颜色是黑金配。与闪闪发光的星空和波光荡漾的海面相似，黑金配让人陶醉和遐想。黑色的美感也在与别的颜色的平衡和博弈中得以体现。在这些组合中，黑色和金色的融合尤为奇妙。二者的搭配让家电设计变得华丽精致却不失美感，成为最合拍的色彩搭配之一。作为家居空间的一部分，“黑金组合”这样的经典设计已经蔓延到了家电设计领域（见图3-98）。而与“金色”有关的定义，人们也从金属本身获得灵感。金属的细腻纹理和黑色的魅惑深邃融合在一起，超越“黑金配”的简单定义，为冰冷的家电注入神秘的力量，创造出让人沉醉的感官之美。

图3-98 黑金搭配的产品

彩图效果

第二种银色在家电产品领域可谓是经久不衰的配色方案。作为黑色和白色的辅色，银色能够为产品增添一份高贵、精致的气质，让产品更加具备时尚感和品质感。同时，在一些家电产品的色彩组合中，银色也能产生强烈的对比效果，更加突显产品的视觉重点（见图3-99）。此外运用电镀、抛光、氧化等加工工艺，银色的光泽度和纯度得以进一步提升，为产品赋予一种高端尊贵的感觉，彰显产品的品质与技术含量。此外，银灰色还赋予产品一种稳重、高档、科技的氛围，适用于现代、时尚家居环境的搭配。

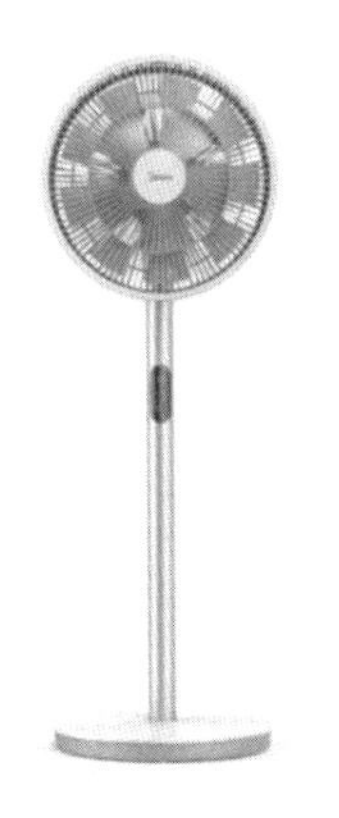
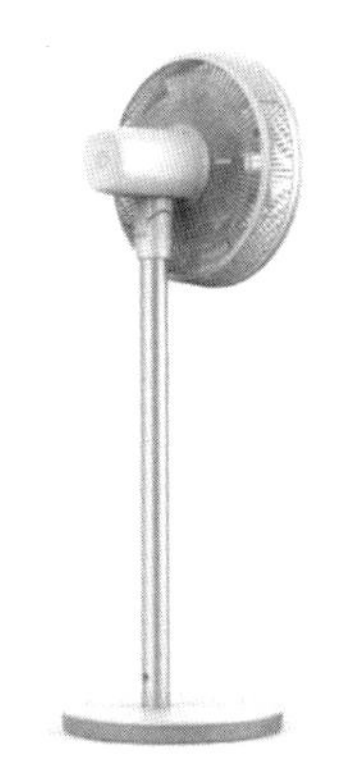
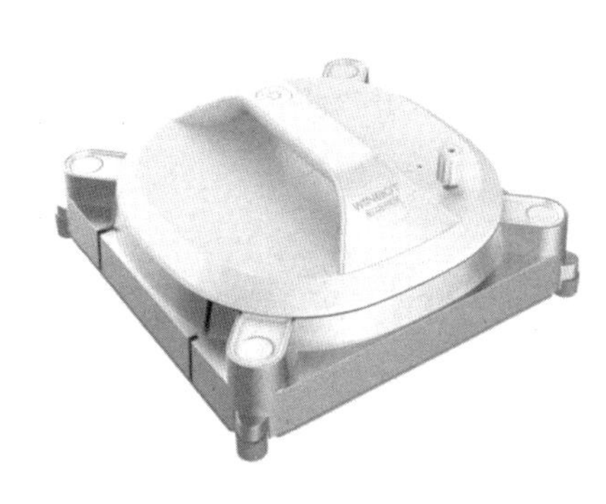

彩图效果

图3-99 家电银色产品搭配

第三种颜色是亮黑色。自古以来，黑色就深受人们的喜爱，不仅仅是一种颜色，更是一种能够将光线虚化的光学状态。

在建筑领域，以黑色为主色调的哥特建筑风格不仅影响了欧洲几百年的审美潮流，也将黑色本身的神秘和精致流传开来。搭配华丽、干练而神秘的纹理，呈现出空间之美。

在家电产品中，亮黑色的应用比较常见，特别是在黑电、厨电上。全黑色的运用不仅突出科技感，而且散发出一种酷酷的感觉。此外，与金色、银色等颜色搭配也可以创造出强烈的对比感（见图3-100）。

图3-100　亮黑色的产品搭配

第四种颜色是玫瑰金。随着苹果6S的推出，玫瑰金风行一时，很多电子产品也加入了试色行列。玫瑰金色由黄金和铜合成，呈现出非常时尚、精美迷人的粉红色调。产品使用玫瑰金色调，不仅显示出高贵典雅，而且还展现出华丽璀璨之感（见图3-101）。

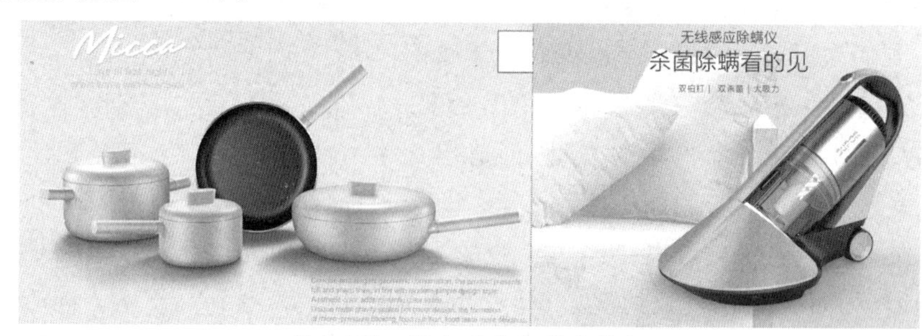

图3-101　家电玫瑰金产品搭配

彩图效果

第五种是彩色。彩色通常用于小型家电的设计中，它们能够呈现出年轻、活力和动感的感觉。此外，多彩的系列色彩组合也给用户提供了更多的选择，从而扩大了产品的用户群（见图3-102）。如果我们仔细看近三年的CES、IFA和AWE等电子展上展出的家电产品，会发现许多品牌都使用了系列化的色彩形式来设计产品。此外，一点点的彩色细节能够点缀产品，而大面积的彩色也可以点缀整个家居环境。

图3-102　家电彩色产品搭配

彩图效果

3.4.12 3D打印技术与工艺

3D打印技术与工艺

3D打印技术是一种快速成型增材制造技术。其基本原理是利用电脑制图软件或者扫描仪，制成设计模型数据，再利用3D打印机将模型数据输入，使用液体、粉末、丝、块等离散材料逐层堆积，最终制作出三维实体。

如今，3D打印技术已广泛应用于模具制造、工业设计、珠宝、医疗、航空航天、汽车、教育、工程等领域。例如，世界上首款3D打印汽车仅使用了40个零件，全部为碳纤维及塑料材料制作，制作周期仅44小时。依靠电动能源，充电3.5小时后，可以行驶约100公里。而中国第一台3D打印概念汽车由三亚思海三维技术有限公司开发研制，车身部分由复合材料3D打印而成，重量约500公斤，其余部分为组装配件，采用电力驱动。该车从设计到组装仅用时一个月，其中3D打印阶段耗时5天(见图3-103)。

图3-103 3D打印汽车

通用电气(GE)研发中心的工程师们利用3D打印机成功“打印”了航空发动机重要零部件，这一技术相比传统制造，将使得该零件成本缩减30%且制造周期缩短40%。GE利用3D打印技术研发的飞机发动机燃油器不仅使燃油效率提高了15%，同时也令发动机性能整整前进了一代(见图3-104)。

图3-104 3D发动机的重要零部件

因为其操作便捷、模型结构精确等特点，3D 打印技术在骨科领域已广泛应用，并取得了显著临床效益。通过在实物模型上模拟手术操作，术前可以及时发现手术设计上的缺陷与不足，并及时作出调整，从而提高手术的安全性。而另一项高端应用则是仿生耳技术。据报道，国外研究人员通过截取人类小腿细胞聚合物与纳米颗粒，利用 3D 打印技术成功制成了可以重新代替人类听觉的接收器。这种类似于无线电信号的"仿生耳"也因此诞生（见图 3-105）。

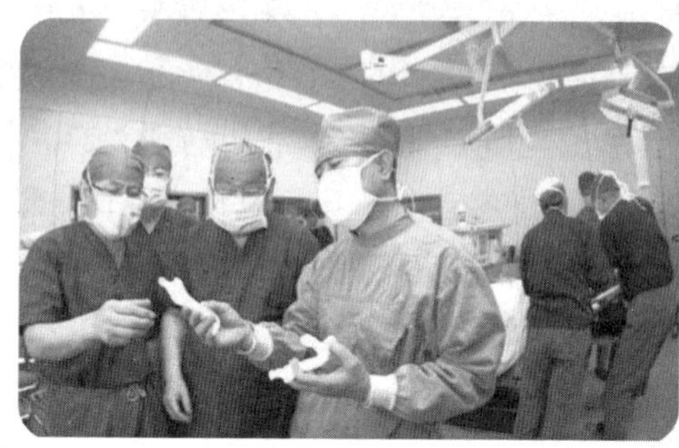
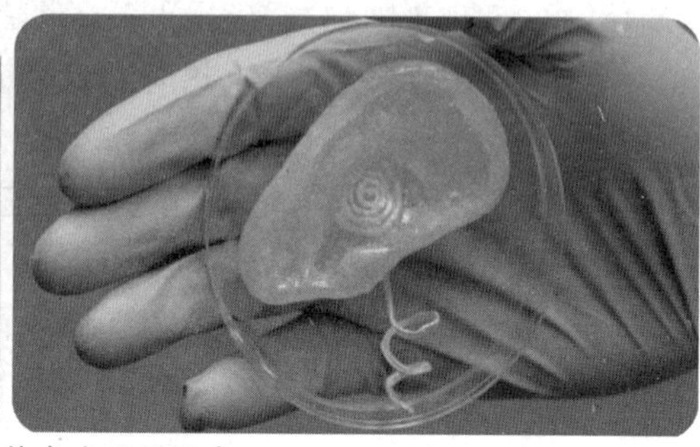

图 3-105　3D 技术应用于医疗

3D 打印技术在数字世界与现实世界之间架起了一座桥梁，让设计者们更轻松地将概念转化为实物。常见的 3D 打印材料包括线状耗材、液态光敏树脂和粉末状材料，分别应用在 FDM、SLA 和 SLS 打印机上（见图 3-106）。

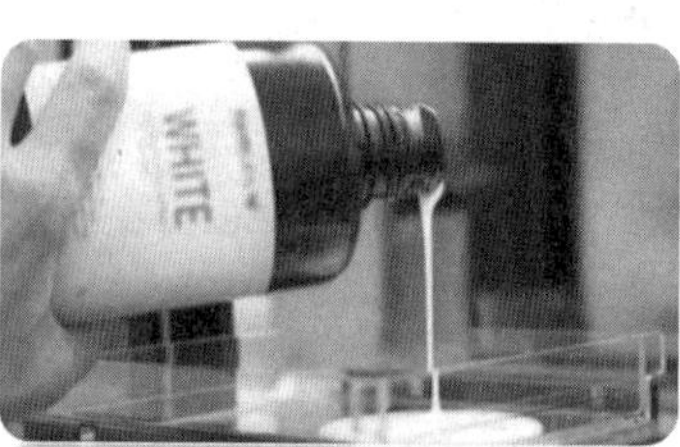

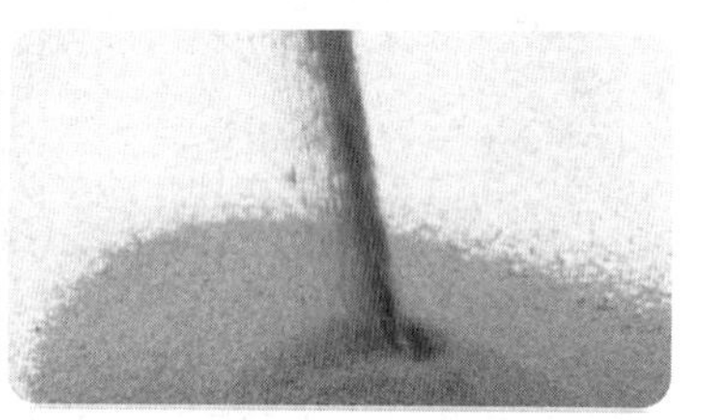

图 3-106　3D 打印常见的三种材料：线状耗材、液态光敏树脂、粉末状材料

此外 3D 打印技术的操作流程请详见本节视频。

3.5 任务实施

任务1:设计任务解读

一、任务思考

问题1:接到项目的第一件事是进行产品的外观设计吗?

____

问题2:产品进行升级换代的工作步骤包括哪些?

____

问题3:企业的项目设计任务书包括哪些内容?

____

二、思想提升

设计任务书主要是针对项目制作的可行性进行分析的研究报告。任务书的主要作用是向企业和团队展示项目的任务量、时间规划和预计完成的效果,设计任务书也是评判设计方案的重要依据。

凡事预则立,谋定而动。"谋"就是做计划,也就是做任何事情之前,都要先计划清楚。项目任务书就等于要提前把项目预演一遍,提前考虑到项目执行的所有情况。这项工作在设计企业一般是由项目经理制作完成的,各个小组同学可以选出适合承担项目管理角色的人选,从而让项目管理者组织小组完成项目任务书的制作。

三、任务实施

任务实施表如表3-2所示。

表3-2 任务1实施表

任务步骤	任务要求	任务安排	任务成果
步骤1 小组研讨 企业需求	研讨企业设计需求,明确企业具体设计任务,依据设计任务进行团队分工、项目工作步骤梳理。	具体活动1:研讨并记录企业需求。 具体活动2:分解细化企业任务,形成可实施的具体工作步骤。	明确企业需求,组建设计团队。

续 表

任务步骤	任务要求	任务安排	任务成果
步骤 2 梳理企业设计资料	梳理企业方提供的设计相关资料,进行分类整理、分析。	具体活动 1:整理企业提供的样品、单页、竞争品牌、设计网站。 具体活动 2:小组研讨团队分工和时间规划。	完成企业资料整理,明确时间规划。
步骤 3 制作项目设计任务书	各个小组分工制作项目设计任务书,明确团队分工、项目工作步骤。	具体活动 1:小组分工制作项目设计任务书。 具体活动 2:小组成员确认设计任务书清单。	完成项目设计任务书制作与确认。

【作业案例展示】

此案例展示了如何在项目设计任务书中规划产品外观设计的内容、方式、成果和时间,为各个小组的项目规划提供参考。请扫描以下二维码查看。

项目设计任务书

任务 2:设计调查分析

一、任务思考

问题 1:设计调研一般包括三个部分,你知道是哪三个部分吗?

____

____

问题 2:常用的竞品分析工具是什么?

____

____

问题 3:常用的用户分析工具有哪些?

____

____

二、思政提升

设计调研,顾名思义就是关于设计的调查和研究。设计调研的目的是能有效地指导设计活动开展和产生积极的结果。对于已有的产品就是通过调研找出产品存在的问题并进行改进,提升产品体验。

在设计调查研究中要遵循实事求是的精神，实事求是坚持一切从实际出发，是我们想问题、做决策、办事情的出发点和落脚点。做设计调研的根本目的就是找到人们生活、生产、生命健康中的真正的问题，从而去解决它。

三、任务实施

任务实施表如表 3-3 所示。

表 3-3　任务 2 实施表

任务步骤	任务要求	任务安排	任务成果
步骤 1 客户产品分析	完成客户样品构造原理研究，产品形象风格等研究，学习微课“矩阵图分析工具”(见知识储备 3.4.7)。 矩阵图分析工具	具体活动 1：客户产品样机拆机研究。 具体活动 2：客户品牌研究与客户产品形象研究。 具体活动 3：学习微课“矩阵图分析工具”，表达产品分析结果。	完成客户样品与品牌分析。
步骤 2 竞品分析	学习微课：电饭煲设计调研完成市场同类产品品牌、形态、定位、智巧点等的竞品调研。 电饭煲设计研究 1　电饭煲设计研究 2	具体活动 1：微课学习。 具体活动 2：竞品产品形态分析、分模形式分析。 具体活动 3：竞品材料工艺新趋势分析。 具体活动 4：竞品部件分析与智巧点分析。	完成产品竞品分析。
步骤 3 用户分析	完成目标用户旅程图、用户角色分析图的分析，找出用户购买、使用产品中的问题。	具体活动 1：目标用户的用户角色分析。 具体活动 2：目标用户的用户旅程图分析。	完成目标用户分析。
步骤 4 制作设计调研报告	小组合作完成调研报告制作： (1)页数 25～30 页。 (2)封面、封底制作精美。 (3)调研内容模块包括： • 客户产品与品牌分析； • 竞品分析； • 用户分析。	具体活动 1：小组分工进行调研。 具体活动 2：小组整理设计调研资料。	完成设计调研报告。

【作业案例展示】

此案例展示了对传统电饭煲进行优化设计的设计调研报告，包括项目背景、产品分析、使用性分析和智能点分析等，这些分析工具值得学习。请扫描以下二维码查看。

电饭煲设计调研

任务3:设计风格定位

一、活动思考

问题1:全球家电的设计风格趋势有哪些?

____

____

问题2:设计风格的差别主要以什么特征来体现?

____

____

问题3:品牌风格的延续性主要用什么来传承?

____

____

二、思想提升

一般来说产品风格定位主要基于两个条件:一是大众的审美和接受能力,二是公司产品特色与时尚元素。但产品设计的本质核心还是产品的功能,产品设计的功能和外观还需要合理的设计搭配,才能够让产品设计风格更加鲜明。

关于产品风格定位,常常会在交流中听到这样的形容词"商业、时尚、简洁、科技"等,此时设计师在创作时需要时刻保持清醒的头脑,不要走入盲目时尚的误区。比如在产品外观设计上采用简约风格,要意识到简洁明了并不代表简单,它要求工业设计者在改变中寻找平衡,注重时尚的同时将整体色彩控制在一个色系里,造型要尽可能地简约和流畅。

三、任务实施

任务实施表如表3-4所示。

表3-4　任务3实施表

任务步骤	任务要求	任务安排	任务成果
步骤1 学习"风格趋势"微课	学习"全球家电风格趋势"微课,准确捕捉设计定位风格(见知识储备3.4.8)。 全球家电设计风格分析	具体活动1:学习微课。 具体活动2:小组研讨设计风格的差异性。	学习不同风格的特点与差异。

续 表

任务步骤	任务要求	任务安排	任务成果
步骤2：研讨设计定位关键词	小组依据设计调研报告，研讨项目设计定位关键词。	具体活动1：分析设计调研报告。 具体活动2：研讨确定设计产品的风格定位关键词3～5个。	完成设计风格关键词定义。
步骤3：诠释设计定位关键词的内涵	将设计定位关键词进行细化诠释，运用图、形、线、色等形式进行表达3～5个设计风格意向图。	具体活动1：小组研讨设计关键词的内涵。 具体活动2：收集与表达设计风格关键词的意向图与表达形式。	完成项目设计定义的内涵诠释。

【作业案例展示】

此案例展示如何通过设计调研确定传统电饭煲的风格关键词，以及通过联想和打破传统比例等方式进行风格的演绎。请扫描以下二维码查看。

设计风格定位

任务4：造型优化设计

一、任务思考

问题1：请提出至少3种常用的造型设计方法？

问题2：产品还能如何优化，如何为我所用？

问题3：产品造型设计包括哪些设计元素？

二、思想提升

进行产品设计时，比较常见的现象是很多设计者无法表现出自己想要的产品形态，进入了反复修改的僵局，究其原因主要是三维转化有些困难，或者是手绘无从下手。如何提高产品造型优化的能力呢？比如表达科技感，首先要厘清什么是科技感，科技感就是机械化的、反常规的、复杂的；然后要思考如何表达科技感，比如用干练的线条、结构暴露、丰富的材质对比、透明件、氛围光等进行表现，明确了这些思路才能准确地用图纸表达出来。

此外设计者进行产品造型优化时，不是靠运气和灵感的爆发，更多的是层层推理，解决关联性的问题。想要提高产品造型优化能力，先要做到脑子里有东西，再通过手绘提高自己的造型能力，用2D效果图表达出完整的产品。好的创意加上好的造型，这样的产品才是一个完整的、功能与形式统一的作品。

三、任务实施

任务实施表如表3-5所示。

表3-5　任务4实施表

任务步骤	任务要求	任务安排	任务成果
步骤1 绘制产品创意草图	依据产品设计定位，绘制产品创意草图，表达产品形态与使用方式，数量要求3～5个方案。	具体活动1：快速表达出主体造型设计与局部形态设计。 具体活动2：快速表达出产品的使用方式与功能结构。	完成创意初步构思方案。
步骤2 优化产品整体形态	看视频，学习“包裹设计”，进行产品造型整体形态优化（见知识储备3.4.9）。 包裹设计	具体活动1：观看微课，学习“包裹设计”。 具体活动2：优化产品整体形态。	完成产品整体形态优化。
步骤3 优化产品线条	看视频，学习“线条的魅力”，优化项目产品的轮廓线条（见知识储备3.4.9）。 线条的魅力	具体活动1：观看微课，学习“线条张力”。 具体活动2：小组分工优化项目产品的轮廓线条。	完成产品轮廓线条优化。
步骤4 优化产品比例	看视频，学习“完美比例”优化项目产品的比例（见知识储备3.4.9）。 完美比例	具体活动1：观看微课，学习“完美比例”。 具体活动2：小组分工优化项目产品的比例。	完成产品比例优化。

续 表

任务步骤	任务要求	任务安排	任务成果
步骤5 优化产品设计细节	看视频，学习“产品细节设计”优化项目产品的设计细节(见知识储备3.4.10)。	具体活动1:观看微课，学习“产品细节设计”。 具体活动2:小组分工优化项目产品细节。	完成产品细节优化。
步骤4 绘制2D设计方案	选中1～2个创意方案，进行2D设计效果图绘制，清晰地表达出产品的创新点、产品细节、配色与功能结构。	具体活动1:小组研讨选择最优方案。 具体活动2:绘制产品2D效果图表达产品创新点、功能结构、使用方式与细节。	绘制产品2D效果图。

【作业案例展示】

此案例展示了传统电饭煲优化设计的草图效果、2D三视图优化效果与三维模型优化的效果。请扫描以下二维码查看。

产品优化草图

任务5:CMF优化设计

一、任务思考

问题1:产品的CMF代表什么?

____

____

问题2:家电产品常用的色彩搭配是什么?

____

____

问题3:家电产品常用的材质搭配是什么?

____

____

二、思想提升

CMF作为产品生产设计当中的最重要环节之一，主要以颜色、材料以及工艺为主要的研究内容，涉及美学、色彩学、工程学、材料学、心理学等，是流行趋势、工艺技术、创新材料、审美观念综合的交叉产物。

CMF 的多学科特性能帮助很多设计公司或企业设计部解决设计和制造脱节的问题，使创意真正落地变成产品。CMF 设计师在设计过程中一方面要发挥精益求精的精神，细细品味材质工艺的品质和美感；另一方面在实际的工作岗位中要与工业设计师、产品造型设计师一起协作，针对设计产品的颜色、材料和呈现做更多可能性的表现，针对产品系列、不同价格、不同颜色和材质的版本做更多可能性的呈现。

三、任务实施

任务实施表如表 3-6 所示。

表 3-6　任务 5 实施表

任务步骤	任务要求	任务安排	任务成果
步骤 1：微课学习“CMF 认知“	看视频，学习“CMF 设计认知”（见知识储备 3.4.11）。 CMF 的认知	具体活动 1：观看微课。 具体活动 2：记录 CMF 设计要点。	完成线上课程内容学习。
步骤 2：三维造型建模	用设计类或工程类的三维软件，对产品外观造型与细节开展设计执行工作。	具体活动 1：学生进行产品三维形体建模。 具体活动 2：教师与学生交流。 具体活动 3：学生进行产品细节建模。	完成产品三维数据模型。
步骤 3：优化产品材料工艺搭配	看视频，学习“家电产品常用材料”“家电产品常用工艺”，优化项目产品的材料工艺（见知识储备 3.4.11）。 家电常用材料　家电常用工艺	具体活动 1：观看微课，学习材料工艺搭配。 具体活动 2：小组分工优化产品材料、工艺搭配。	完成产品材料工艺搭配。
步骤 4：优化产品的色彩搭配	看视频，学习“家电产品常用色彩”，优化项目产品的色彩搭配（见知识储备 3.4.11）。 家电常用色彩	具体活动 1：观看微课，学习色彩搭配。 具体活动 2：小组分工优化产品色彩搭配。	完成产品色彩搭配。
步骤 5：制作设计提案报告	小组成员整合项目设计方案，制作设计提案报告。	具体活动 1：小组整合设计方案。 具体活动 2：小组分工形成设计提案报告。	完成设计提案报告制作。

【作业案例展示】

此案例展示了玻璃灭菌器产品的优化设计效果，共展示了三款方案，包括产品的配色、比例、线条和按钮等细节设计。请扫描以下二维码查看。

玻璃灭菌器

任务6:产品模型制作

一、任务思考

问题1:产品模型制作的类型有哪些?

____

____

问题2:模型制作常见的材料有哪些?

____

____

问题3:运用3D打印制作产品模型有什么优缺点?

____

____

二、思想提升

手板模型制作(手板也称首板),是在没有开模的情况下根据图纸把产品手工打造出来的效果。手板是验证产品可行性的第一步,是找出设计产品的缺陷、不足、弊端最直接且有效的方式。

手板模型制作过程中要遵循工匠精神,工匠精神的本质是“道技合一、追求卓越”,进入现代工业社会,伴随手工艺向机械技艺及智能技艺的转化,传统手工工匠似乎远离了人们的生活,但工匠并不是消失了,而是以新的面貌出现了,比如3D打印技术员就是新时代工匠。此外,需要指出的是,在现代社会,3D打印技术是每个设计师都需要掌握的技术技能。

三、任务实施

任务实施表如表3-7所示。

表 3-7　任务 6 实施表

任务步骤	任务要求	任务安排	任务成果
步骤 1：微课学习	看视频，学习 3D 打印技术与工艺（见知识储备 3.4.11）。 3D 打印技术与工艺	具体活动 1：观看微课。 具体活动 2：记录 3D 打印技术与工艺要点。	完成线上课程内容学习。
步骤 2：打印数据转换与切片	转化为三维数据，并运用切片软件进行切片。	具体活动 1：确定分体打印的部件与拆分方式。 具体活动 2：将三维数据转化为 STL 格式。 具体活动 3：运用打印设备配套软件设置参数，导出 Gocode 文件。	完成三维数据切片。
步骤 3：3D 打印模型制作	进行 3D 打印模型制作。	具体活动 1：调平 3D 打印机器平台。 具体活动 2：设置打印机器设备参数。 具体活动 3：进行打印，并跟踪打印过程。	完成产品模型打印。
步骤 4：3D 打印模型打磨与组装	进行模型部件后处理与组装。	具体活动 1：精准打磨打印部件。 具体活动 2：拼装产品各部件。 具体活动 3：测试产品功能与人机功能。 具体活动 4：分享展示实物模型。	完成产品模型打磨、喷涂与组装。

【作业案例展示】

此案例展示了电饭煲模型的制作过程，从草模制作、评估、修正，到手板模型制作、修正和小批量产品实物展示。请扫描以下二维码查看。

电饭煲模型制作验证

3.6 评价与总结

1.评价

项目评价表如表3-8所示。

表3-8 项目评价表

指标	评价内容	分值	自评	互评	教师
过程评价(50%)	能够通过自学线上资源,完成自测	5			
	能为小组提供信息资料	5			
	能够参与小组计划,执行小组分工	5			
	能够吸取别人的经验	5			
	能够完成课程签到	5			
	能够积极抢答老师的问题	5			
	能够进行产品的设计风格定位	5			
	能够进行产品的造型优化设计	5			
	能够进行产品的CMF优化设计	5			
	能够进行产品的模型制作	5			
作品评价(40%)	产品形象鲜明,实现产品的差异化,区别于其他同类产品,摆脱产品同质化	5			
	产品外观设计的成本应与产品本身的经济价值相适应	5			
	产品造型细节体现精致感,提高产品的格调	6			
	产品色彩、材料、表面工艺搭配合理,起到刺激消费者购买欲望的作用	6			
	产品草图与2D效果图表达准确、完整	6			
	产品模型制作比例准确、人机合理	6			
	项目设计提案内容完整、主次分明	6			
成长度(10%)	知识提升	3			
	能力提升	4			
	素养提升	3			

2.总结

项目总结表如表3-9所示。

表3-9 项目总结表

素养提升	提升	
	欠缺	
知识掌握	掌握	
	欠缺	
能力达成	达成	
	欠缺	
改进措施		

项目 4

智能家电产品创新设计

学习目标

【知识目标】

- 掌握智能家电的设计流程与方法
- 懂得智能家电软硬件之间的关系
- 掌握智能家电的设计思维与造型方法
- 掌握智能家电的交互界面制作方法

【能力目标】

- 能够撰写智能家电产品的调研报告
- 能够突破智能家电产品的创意极限
- 能够完成产品硬件壳体的三维数字化设计制作
- 能够完成智能家电产品的设计报告书

【素质目标】

- 通过设计,融入智能新技术,培养学生的创新思维
- 通过创新,融入时代精神,培养勇于创新的时代新人
- 通过卓越共创的设计过程,培养协同创新的职业精神
- 通过不断迭代的设计,培养学生精益求精的工匠精神

4.1 任务导入

项目4　工作任务书	
学习情境描述	人工智能时代已来临，智能化的新产品、新技术、新服务层出不穷，工业设计将再次面临设计新维度的思考。本项目通过软硬件结合的方式，要求智能产品融合人类社会、物理空间、信息空间构成的三元空间，运用设计带来了全新智能生活体验。
项目适用领域	1. 智能家居：家居环境中需要用到的智能产品，如音响、智能沙发、智能门等。 2. 智能生活：便于人们生活、旅行、学习、成长的智能产品，如智能台灯、智能加湿器。 3. 智能健康：关注老人、儿童、孕妇等各类群体的健康问题，运用智能技术进行创新产品。
学习任务	1. 从智能家居、智能生活、智能健康等领域的设计需求出发。 2. 整合智能技术，挖掘智能生活场景。 3. 创新智能产品与服务，满足用户的痛点、痒点与爽点的需求。
工作任务要求	任务要求：明确工作任务书要求，与企业进行沟通，对智能家居、智能生活、智能健康领域进行设计调研，完成智能产品设计与模型制作任务。 任务形式：调研报告、设计方案PPT、设计展板、三维效果、实物模型。 建议学时： 任务1：设计项目研究　　4课时 任务2：创新方向求解　　4课时 任务3：外观结构设计　　8课时 任务4：交互界面设计　　8课时 任务5：设计报告书制作　　4课时
工作标准	1. 1+X产品创意设计等级标准（中级） (1)根据项目要求完成市场调研分析及客户需求分析。 (2)选择设计方向、制定产品整体方案。 (3)用计算机辅助设计产品的造型和结构，研究和选择设计材料。 (4)制作设计报告书等工作。

续 表

项目 4 工作任务书	
工作标准	2.评审标准 (1)创新性:围绕主题,通过系统观察和调研分析来发掘新的生活方式构想,以产品或服务为载体,通过整合现有技术寻找在当前社会生活中存在的市场机会。作品需突出结合社会生活的实际情况,解决社会生活的实际问题,大处着眼、小处着手,实现设计为提升人类生活质量的目标。 (2)市场性:正确理解智能技术的应用,有效与本省市产业经济结合,有效与当前社会生活问题相结合,尽量保证设计成果的社会惠及面广,倡导正确的设计价值观。 (3)可行性:设计者应关注设计创意与当前市场需求的紧密结合,充分考虑当前数字化智能化等技术条件和限制,对市场推广前景、技术方案实现、批量生产制造等环节进行深入分析与评估。 (4)清晰性:设计方案表达统一、完整、清晰。 3.对接方式 四项工作任务分别对应竞赛标准,其中: (1)工作任务 1、2 对应创新性、市场性。 (2)工作任务 2、3 对应可行性。 (3)工作任务 4 对应清晰性。

4.2 小组协作与分工

课前:请同学们根据六维专业能力(见图 4-1)互补原则进行分工,并在表 4-1 中写出小组内每位同学的专业特长和分工任务。

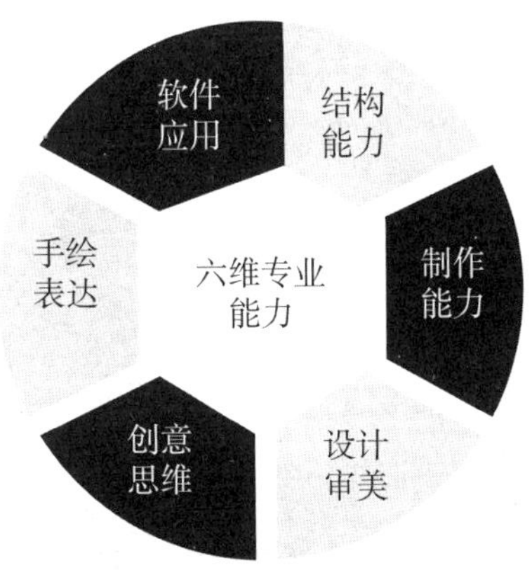

图 4-1 工业设计专业六维专业能力

表 4-1 成员分组表

组名	成员姓名	专业能力强项	专业能力弱项	任务分配

4.3 问题导入

问题 1:你认可万物皆智能吗？看一看图 4-2,讨论一下智能技术有哪些？

问题 2:讨论一下图 4-3 中各智能产品的创新点是什么？是否引领了生活方式的变化？

问题 3:智能产品未来的设计趋势是什么？

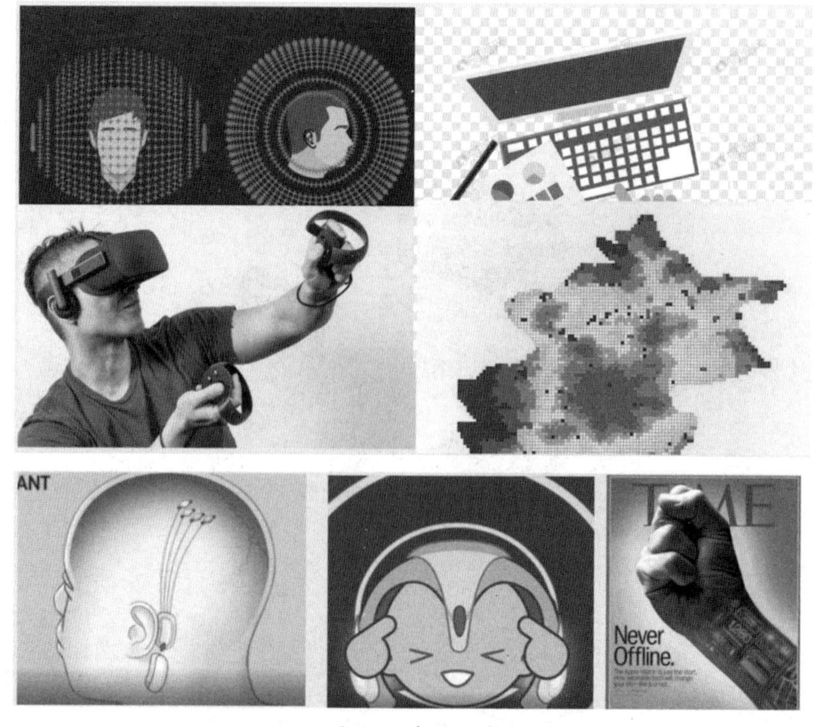

图 4-2 智能技术

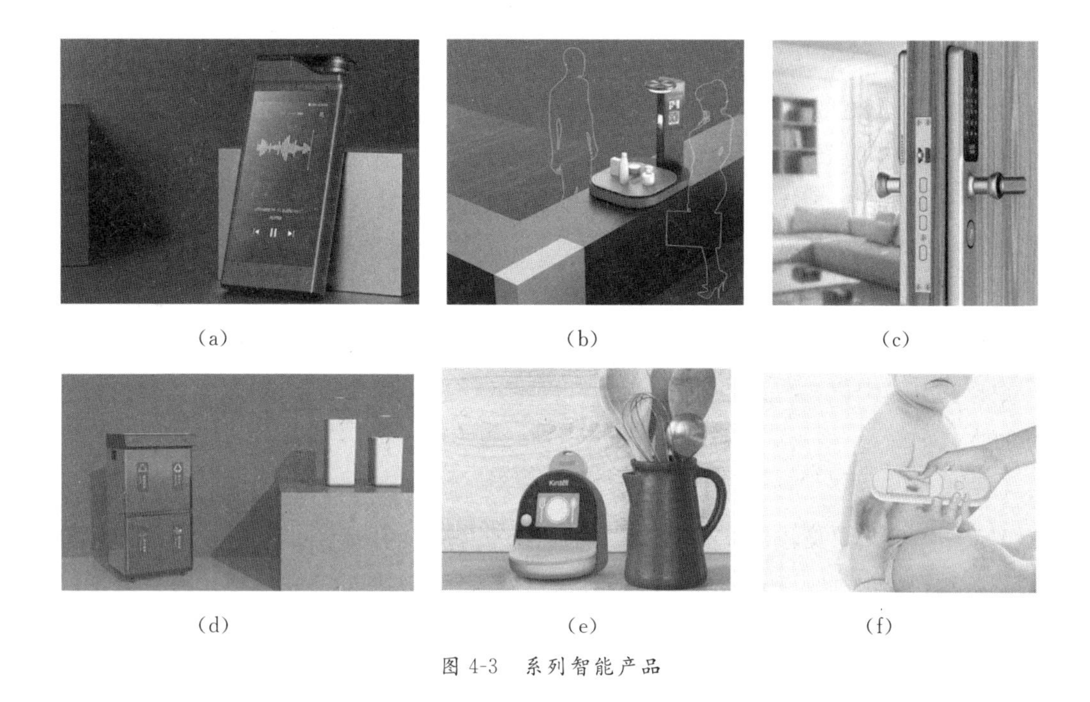

(a)　(b)　(c)

(d)　(e)　(f)

图 4-3　系列智能产品

4.4　知识准备——智能交互

4.4.1　智能产品技术

1. 人脸识别技术

人脸识别是基于人的脸部特征信息进行身份识别的一种生物识别技术。用摄像机或摄像头采集含有人脸的图像或视频流，并自动在图像中检测和跟踪人脸，进而对检测到的人脸进行脸部识别的一系列相关技术，通常叫作人像识别、面部识别技术（见图 4-4），钉钉智能前台运用的就是人脸识别技术（见图 4-5）。

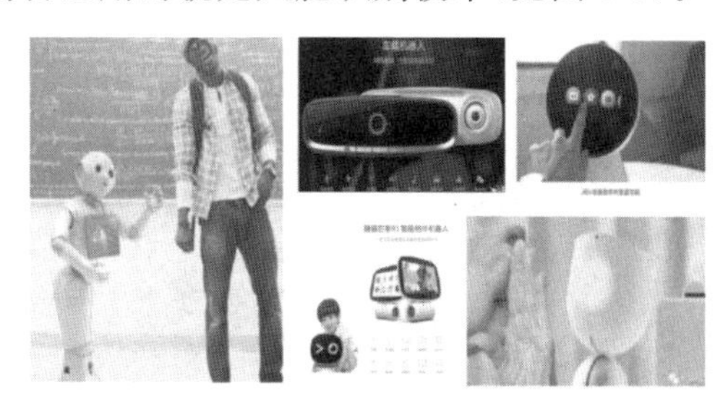

图 4-4　人脸识别技术

图 4-5　钉钉智能前台

2.语音识别技术

语音识别技术是将人类的声音信号转化为计算机可读输入,其最显著的特征就是解放了双手,用自然的语言沟通的同时,眼睛和手可以处理其他事情。

试想一下语音识别技术发展所带来的改变:我们躺在沙发上,双手打着游戏,我们只需要用声音就可以操控空调、预定一份外卖,并且在一小时左右就能吃上,相信这种体验一定不错!这一技术可以应用在智能家居、车载驾驶、企业应用、医疗和教育领域。

3.数据交互技术

数据交互是用户与产品之间的交互,用户输入信息一般为数字、文本等,通过这些信息进行人机交互,机器实现信息的存储分析。

4.图像交互

图像交互顾名思义就是以图像为载体进行人机交互的技术。如猜画小歌是由谷歌研发的小游戏,其实跟大家熟知的《你画我猜》差不多,但这次猜的对象变成了谷歌的 AI 程序,玩家需要在 20 秒之内画出给定的题目,如果 AI 小歌在这个时间段内猜出来,就成功通关进入下一阶段(见图 4-6)。

图 4-6 猜画小歌

5.动作交互

动作交互就是通过动作来传递信息的交互形式,如流行的 VR 眼镜就是动作交互的产品,其具体内涵是综合利用计算机图形系统和各种现实及控制等接口设备,在计算机上生成可交互的三维环境,从而提供沉浸感觉的技术。如图 4-7 所示。

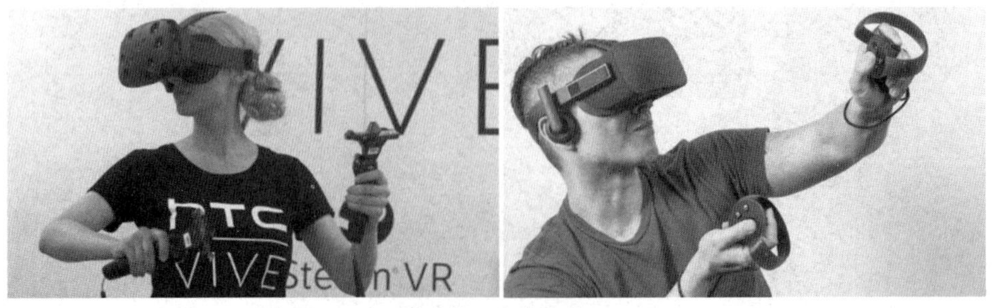

图 4-7 动作交互

4.4.2 走进交互设计

走进交互设计

进入了智能交互设计时代，很多家电产品都开始向智能化转变，产品除了实体硬件之外，还需设计人机交互的软件。

1.交互设计是什么？

首先我们来认识下交互设计，交互设计简称 HCI，它由 IDEO 的一位创始人比尔·莫格里奇（见图 4-8）在 1984 年一次设计会议上提出，任何产品功能的实现都是通过人和机器的交互来完成的。在英国出生的莫格里奇，运用交互技术设计了知名的“扇贝”式翻盖笔记本电脑。他所设计的 GRID Compass 电脑，获称首款现代笔记本电脑。

图 4-8 比尔·莫格里奇

然后了解下我们生活中的交互设计有哪些？比如每天早上起来，拿起手机，你就在与手机这个机器做交互；你使用 iPad、iWatch、电脑进行工作或交流的时候，都是实行了人机交互；还有我们现在的生活中，任何一个物体或产品都可以与人进行交互，比如我们生活中的鼠标、游戏机等。

观察两个键盘的交互设计案例，一个是好的设计，一个是拙劣的设计（见图 4-9），好的设计遵循了人机工学，方便用户的使用；拙劣的键盘表现在视觉混乱，每个键上有太多的图标，使用时很不舒适，此外键盘的布局不合理，造成用户的误操作。

图 4-9 键盘人机设计对比

由此可以看出我们在使用网站、软件、消费产品、各种服务时（实际上是在同它们交互），使用过程中的感觉就是一种交互体验。

当计算机刚被研制出来时，可能当初的使用者本身就是该行业的专家，没有人去关注使用者的感觉；当计算机系统的用户越来越由普通大众组成时，对交互体验的关注也越来越迫切了。随着网络和信息技术的发展，各种新产品的交互方式越来越多，人们也越来越重视对交互的体验。

由此我们发现交互设计就是以用户体验为基础，设计出符合用户背景、使用经验、操作感受、用户爱好与用户环境的产品，让用户使用时感受到使用愉悦、符合逻辑、有效完成并高效使用。概括地说，交互设计是指设计人和产品或服务互动的一种机制（见图 4-10）。

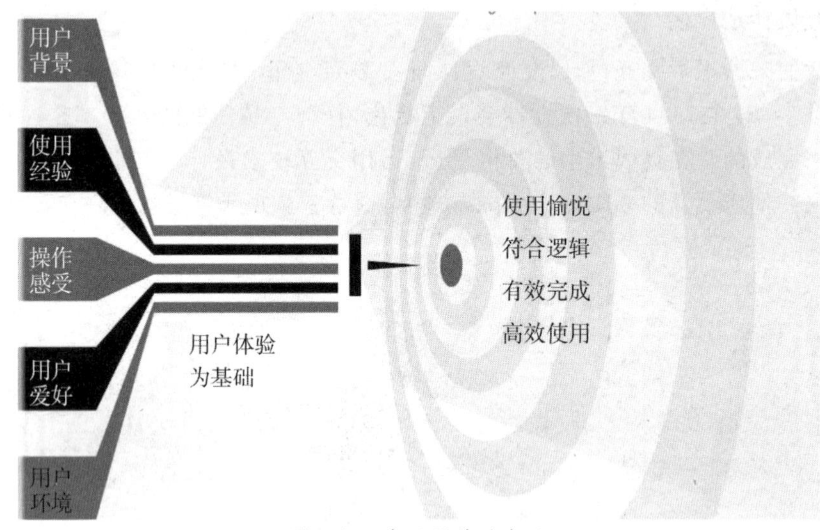

图 4-10　交互设计的内涵

2.为什么人机交互是未来科技发展的关键？

我们来思考一个问题，当有一个神经病患者开着汽车要撞墙，人机交互要如何针对这类特殊情境而设计呢？我们可以在汽车玻璃的位置设计人机交互界面与虚拟现实交互系统，当预测到这个人的反常行为时，使车前玻璃成为一个人机交互界面，并模拟出车撞墙的虚拟现实状态，同时让车制动。如此就从心理上满足了这个神经病患者的感受。

我们再思考下，为什么 B 站、抖音这些网站看起来让人上瘾。因为这些平台会搜集用户的海量数据，并根据数据推送给你想看的与你喜欢的视频，所以你会感觉它懂你。

人类作为一个生物体，他的潜力还未被完全开发出来，而未来人机交互科技，很可能帮助人们更好地发挥大脑和身体的潜能，比如埃隆·马斯克正在研究脑机接口的技术，这项技术运用人的意念就可以控制计算机或者一些产品。此外近年来的一些可穿戴技术兴起，将电脑装入人的手部、眼部等地方，以此来发挥我们身体的潜能。

以上我们可以看出，人机交互技术具有的可预测性是人机交互的关键，大数据是人工智能的武器，深层交互开发潜能是未来的趋势。而交互设计师的作用就是翻译（将产品的逻辑解释给用户听），架起用户和产品之间的桥梁。要想成为交互设计师，需要学习计算机科学、心理学、人机工程学、设计学、人类学、艺术学等，交互设计是一个多学科的交叉学科。

4.4.3 交互原型设计

1.交互原型设计内容

制作 UI 界面设计之前需要进行原型设计，原型设计指应用软件交互界面及部分功能的图形化描述，一般在软件功能定义后，对软件功能界面进行初步设计，这是软件交互界面基础。

原型设计需要考虑展示内容以及布局。原型设计解释用户将如何与产品交互，反映出了开发人员及交互界面设计师的想法、用户期望看到的内容以及内容的相对优先级等等。图 4-11 是一张天猫原型设计的案例，在这张图中，我们看到了网页设计的布局与优先级，它一般包括线框图、占位符等，以确定图片的位置和大小，明确界面的骨架。

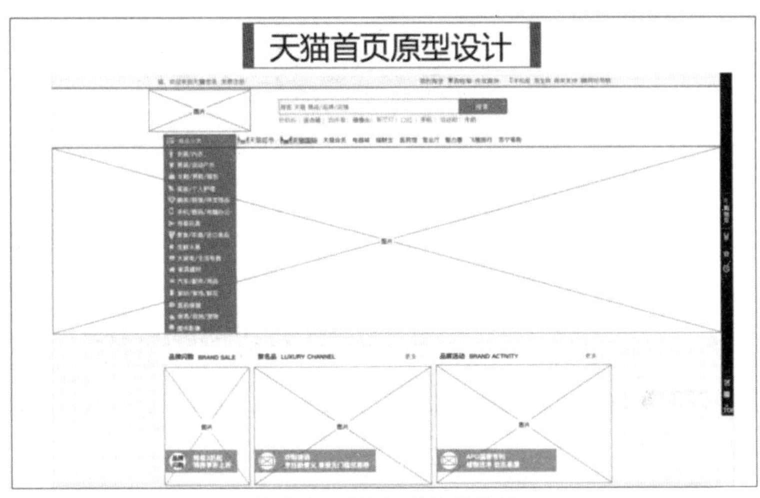

图 4-11 UI 界面原型设计

一般制作的原型图包括纸质、快速原型、低保真原型和高保真原型四种类型。纸质原型图是用笔画出占位符，说明哪里有字，哪里有图，大概放些什么内容。快速原型图是在快速表现的软件上绘制出大概需要些什么东西，大概需要摆放的位置，丑一点不要紧。低保真的原型图已经开始架构出界面的布局与骨骼。高保真原型和真正的产品没有什么区别了，程序员只要严格按照它去做就可以了，但高保真原型很费时间和精力。

2.原型制作工具

制作界面原型常用的一些软件工具主要有四个：

第一个是专业的快速原型设计工具——Axure RP，设计者可以用它快速创建应用软件或 Web 线框图、流程图、原型和规格说明文档。但其功能过于丰富，对于初学者来说，需要投入较多的学习精力来掌握，这适合专业的交互系统设计者。

第二个工具是 Sketch，为视觉设计师打造的专业矢量图形处理应用，界面清爽、简洁，功能多样而强大，完美支持布尔运算，其中符号和强大的标尺，可以帮助设计师快速地进行 UI 设计工作。此外其自带有超过 2000 套模板，包括网页、iOS、线框图、原型等项目的现成模板，但是 Sketch 只支持 Mac 平台。

第三个是墨刀(MockingBot)，这个是在线原型设计工具，支持创建 iPhone/iPad、Android、平板和 PC 等各平台设备的原型。提供 iOS、Android 等平台的常用组件及大量精美图标，大部分操作都可通过拖拽来完成，还实现了云端保存、手机实时预览、在线评论等功能。

第四个是摩客，这是一个快捷简单的免费原型设计工具(见图 4-12)。快速原型设计、精细团队管理、高效协作设计、轻松多终端演示是摩客的主要特点，摩客支持桌面软件、Web 应用和移动应用等原型设计。

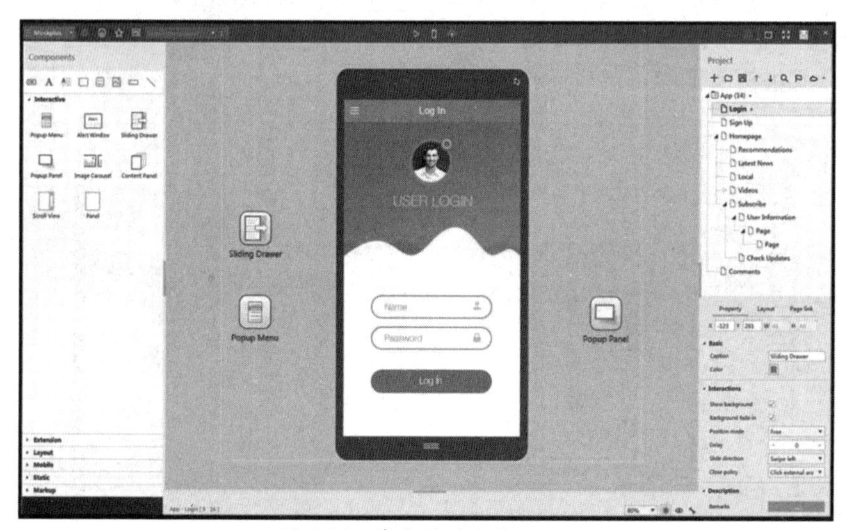

图 4-12　摩客原型设计工具

4.4.4　交互界面的形式

产品交互界面

目前来说图形界面主要运用在电脑界面、手机界面、物联网的一些产品界面中，比如智能家电产品、可穿戴智能设备和车联网产品等。

最常见的界面形式是电脑的网页设计、手机的 App 与 H5 页面设计。下面来看几个界面设计的案例：

第一个是电脑界面的网页设计(见图 4-13)，这是一个音乐交互界面，首先进行界面分区设计，将界面的主要功能分区在原型图中规划出来，比如导航条、主图展示、推荐歌单区域等，然后在功能分区中放入对应的图片与文字。

第二个是日常生活中大家最熟悉的手机 App。手机 App 的图标设计也有交互功能，比如微信的图标和 QQ 的图标，这些图标的符号性与指示性需要准确地表达出 App 的内涵以实现与用户的交互。

图 4-13　音乐交互界面

此外用于手机浏览内容的界面一般称为 H5 页面，它的尺寸一般为 740×1136px，这个尺寸是适合手机屏幕大小的页面尺寸。

第三个是智能产品的界面。常见的包括智能手表、车载导航仪。只要带有屏幕的智能产品，都会涉及界面设计，尤其是一些智能家电产品的界面设计应用越来越广泛。

UI 界面的成长伴随着电脑界面的成长。1973 年，为个人使用而设计的第一批电脑施乐奥托面市。1983 年 1 月，苹果公司发布了 Lisa 办公系统，最大的亮点是支持 3.5 英寸的软盘，能够实现最小化、关闭窗口和复制文件等功能；1985 年，Amiga 一经发布就引领时代，它包括了高色彩图形、立体声、多任务运行等特点，这使得它成为一款极好地适合多媒体应用和游戏的机器。

2000 年苹果公司推出全新的 Aqua 界面，Aqua 界面最大的变化是涉及渐变、背景样式、动画和透明度的应用，有着更好的用户体验。

2001 年发布了拥有全新用户界面的 Windows XP，该界面支持更换皮肤，用户可以改变整个界面的外观和感觉，支持数百万种颜色。

2007 年 Windows Vista 发布，微软用桌面小工具取代了活动桌面。同年苹果公司发布了第 6 代 Mac OS X 操作系统，再一次改进了用户界面。基本的界面仍为 Aqua 和水晶滚动条，加入了一些铂灰色和蓝色，dock 和更多的动画及交互使得新界面看上去有着更丰富的 3D 效果。

接着 2009 年 Windows 7 系统发布，2012 年 Windows 8 发布，2015 年 Windows 10 发布，现在又迎来了 Windows 11（见图 4-14）。

界面的成长过程就是它的进化过程，手机的人机交互界面的进化过程是从小屏幕发展到大屏幕，从多按键发展到无按键，从按键交互形式发展到触屏交互（见图 4-15）。手机界面的发展，越来越需要对用户的友好，注重用户无意识的行为，设计出更符合人的自然行为的界面。

图 4-14 2009—2015 Windows 年界面发展

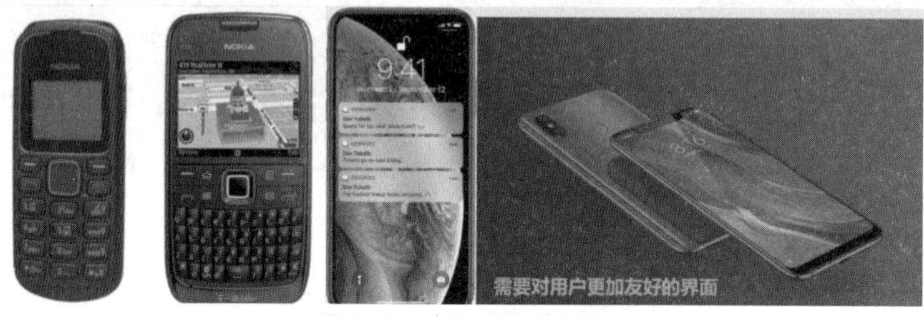

图 4-15 手机的界面发展

4.4.5 智能产品的设计流程

智能产品设计主要包括 6 个设计步骤，如图 4-16 所示。

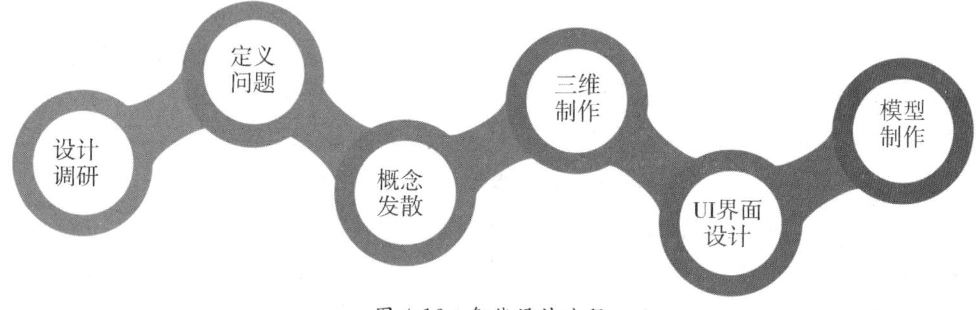

图 4-16 智能设计流程

1. 设计调研

在接到设计任务时，首先进行产品调研，搜集市场上现有产品图片，用眼睛过一遍将其保存在大脑意识里。然后观察产品的用户与消费者的行为，把自己沉浸在用户真实的体验中，从体验中获得更多的用户观察，找到用户痛点。

2. 定义问题

从观察、访谈、消费者需求和背后的洞察中，将痛点转化为设计定义问题，明确地表达出产品解决的用户痛点与设计方向。

3. 概念发散

概念发散是运用头脑风暴，从识别问题过渡到产出解决方案。此阶段要尽可能发散更多概念方向，找到机会点，并进行手绘快速表达。快速表达阶段可以用数位板或者马克笔手绘的草图方案（一般在纸上画草图会更加快速灵活，有助于发散想法），并评估概念可行性、合理性。

4.三维制作

用三维软件如 Rhino/Proe/Solid Works/Alias，推敲造型比例，细化细节，合理排布硬件布局，以及考虑产品结构设计及分件，制作出产品的三维数字模型。

然后把 3D 模型文件导入渲染器进行渲染，尽量渲染出接近真实产品的效果，并优化产品的 CMF 设计，让产品更加丰富有质感。

5.UI 界面设计

UI 即 User Interface（用户界面）的简称。泛指用户的操作界面，包含移动 App、网页等。UI 设计主要指界面的样式和美观程度。

UI 设计需要先定义情绪版，从颜色、文字、图片和素材等多个角度切入，推导出设计思路，最终打磨出属于自身产品的品牌调性和设计风格。此外常用的设计工具有 Sketch、Adobe XD、Figma 等。

6.模型制作

由于产品效果图和实物的效果会有差异，因此为保证制作出来的模型与最终产品保持一致，一方面可以利用学校的 3D 打印进行产品模型的制作，另一方面可以把 3D 模型文件发给工厂，制作外观手板，运用手板模型验证产品真实的外观效果。

4.4.6 智能产品的设计案例(校企合作产品)

请各位同学观看微课进行智能马桶的创新设计学习（见图 4-17）。

智能马桶设计

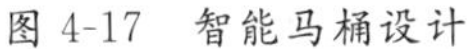

图 4-17 智能马桶设计

4.4.7 设计本源思维方法

家电创新寻求设计本源

设计思维是一种从设计中脱离出来的创造过程。它让多学科协作成为可能，特别是在面对非常棘手的社会问题时。设计思维可以将专业人士从只有一个陈旧视角的“专业思维陷阱”中解放出来，引导人们朝向一个共同的视角，旨在为人类创造价值。

让我们看看一个小例子：假设你在一个寒冷的冬夜迷失在户外。你只有一瓶水、一些干粮和一盒火柴。为了不让自己挨冻，你会怎么办？

一般来说，固定思维的人只会进行类似寻找火这样的表面行动，或者为了获得火而进行相关的动作。而拥有设计思维的人则会找到火的本质——温暖，并采取相关行动。我们可以思考一下，获得温暖的行为有哪些？例如运动会产生热量，寻找避难所会获得温暖等。

因此，设计思维者可以逃离固定思维的束缚，创造出崭新的结果。这种思维能够使解决问题的过程充满灵感与探索性，并能够发现新的方式去解决问题。对于工业设计师而言，运用设计思维不仅可以重新定义产品策略、挖掘机会、规避风险，并且可以创造更大的价值。

在产品设计中，寻求本源思维是一种常用的设计思维。它要求我们透过表象，一层一层地剖开，找到产品深层次的设计需求点，并进行创新设计。下面我们以电风扇的发展演变为例（见图 4-18），来看看寻求设计本源思维的具体运用。

第一个介绍的是美国 GE 公司生产的电风扇。GE 生产的电风扇在设计上注重实用性，为用户带来轻便、方便的使用体验。

第二个是德国 AEG 电气公司生产的电风扇。AEG 是世界上首个采用工业设计师彼得・贝伦斯来发展产品设计的电器公司，推行“优秀的设计不仅是让事物美观，更要易于使用”的哲学理念。AEG 电风扇简单而有力，设计精美，完美融合了实用性和美观性，深受用户喜爱。作为德国电器企业的代表，AEG 在全球范围内享有很高的声誉。

图 4-18 电风扇的发展演变

从设计思路入手，比较两家公司的电风扇。对于第一个风扇，使用中的主要问题在于扇叶转速过快，容易划伤手指，特别是好奇心强的儿童容易受伤。为保障人机安全，第二个风扇则改进了扇罩设计，让人们使用更加安全。

第三款产品则是近代创新之作——无叶风扇。它的设计理念在于追求设计本质，即吹风。但是，真的需要扇叶才能吹风吗？答案是否定的。只要能够形成定向风场，即可实现吹风的功能（见图 4-19）。

图 4-19 无叶风扇的设计思维　　图 4-20 詹姆士 · 戴森的无叶风扇

无叶风扇的发明者英国人詹姆士 · 戴森（James Dyson）（见图 4-20），放弃了传统电风扇的叶片部件，大胆创新，使风扇焕然一新。这款新产品比普通电风扇降低了三分之一的能源消耗，并通过一个 1.0 毫米宽的切口和绕圆环放大器转动的方式，形成定向风场吹出空气。由于空气被强制通过这一圆环，其通过量可以达到原先的 15 倍，时速可达 35 公里，且空气流动比传统风扇更平稳。这款风扇更加安全、节能和环保。

通过电风扇的创新案例，我们清楚地认识到寻求设计本源就是找到产品最本质的需求，并围绕着最本质的需求进行创新。这样才能跳出原有的框架思维，创造出更优秀的产品。设计思维对于任何一名创新者来说都至关重要。即使你不是一名设计师，你也可以成为一名设计思维者。

4.4.8 风险创新设计

风险创新设计

创新的最终目标是将创新转化为商品，达成商业价值，而这个过程是不确定的、多样的（见图 4-21）。

设计师通常将创新设计的过程分为 4 个阶段。第一阶段是发现，要发现并定位出大量的问题；第二阶段是定义，要针对问题明确设计方向。这两个阶段是一个由发散到收敛的过程。第三个阶段是发展想法，需要不断发散思维，尝试各种解决问题的方法。第四个阶段是实现，需要将最终的解决方案转化为实体，制作出实物（见图 4-22）。

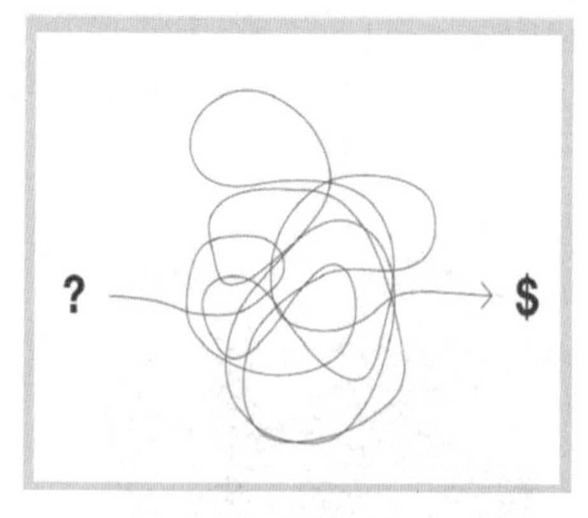

图 4-21 创新的目标

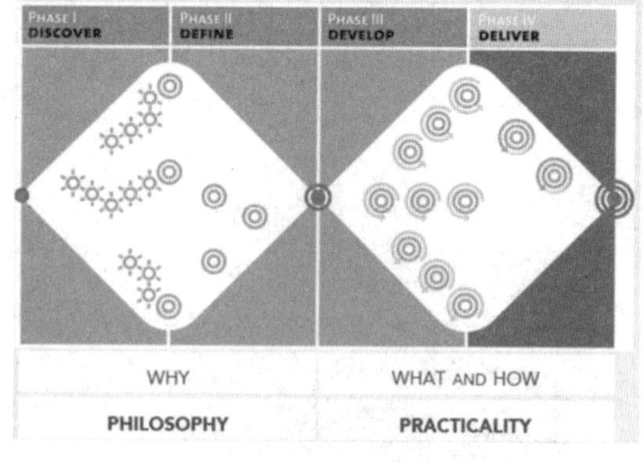

图 4-22 设计的过程

在创新的过程中，第一到第二阶段主要是解决为什么要进行创新这个事物的问题，涉及的是哲学层面的思考。而第三到第四阶段则关注于实际的可行性，解决了做什么和怎么做的问题。在这个过程中，我们需要不断探索、尝试和优化，才能最终实现创新的目标。

下面介绍风险创新设计的三个案例：

第一个案例是螺旋桨飞机的创新发展。第一张图展示了原来飞机的状态，而第二张图则呈现了在前部去掉螺旋桨后的新形态。这个创新设计的背后包含了极高的风险，但也有着极大的潜力和回报(见图 4-23)。

图 4-23 飞机的变化

第二个案例是交通工具的发展。第一张图展示了马拉车，即传统的马车。第二张图为现代汽车雏形，这是由于动力源的发明所带来的革命性变化。这个案例也向我们展示了风险创新设计的重要性，因为只有不断创新，才能使我们的世界不断进步(见图 4-24)。

图 4-24 车的发展

第三个案例是手机的发展。手机由原来的键盘式按键，逐渐发展为没有实体按键，整体以大屏的形式展现(见图 4-25)。

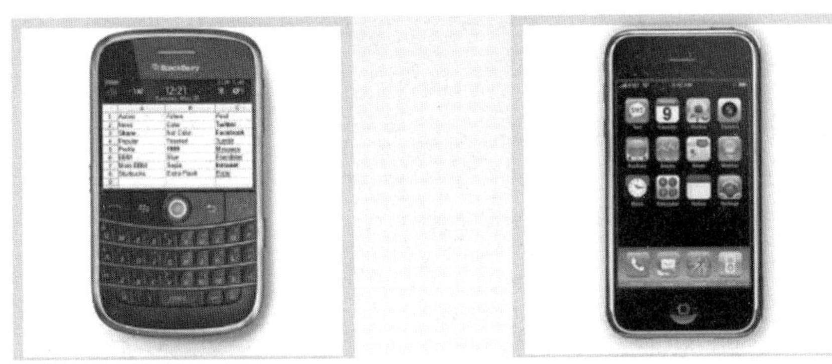

图 4-25 手机的发展

通常,我们常用的创新设计类型是加法。加法的目的是增强性能或将多种功能组合在一起。但是,以上案例却是在做减法,即去掉无用的部件或功能,从而达到简化功能的目的(见图 4-26)。实际上,真正的创新在于做减法。如果你将一个产品最重要的部分去掉,将项目置于危机中,那就是风险创新设计(见图 4-27)。

图 4-26 创新的类别

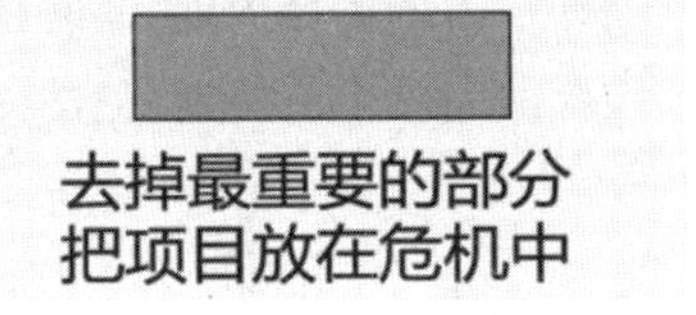

图 4-27 风险创新的核心

风险创新设计不是简单回答别人(客户)的需求,而是直面核心。不要让设计师设计桥,而是让他们设计通过河流的方式。风险创新是让你离开自己感到舒适的环境。如果你没有找到解决方案,这并不意味着你失败,仅意味着你排除了很多无效方案。

4.4.9 TRIZ 创新理论

TRIZ 创新理论

TRIZ 理论是由苏联发明家根里奇·阿奇舒勒(Genrich S. Altshuler)及其团队经过 50 多年分析 250 万份发明专利而提出的。TRIZ 理论通过分析大量优秀专利,提炼出问题的解决模式,例如 39×39 的矛盾矩阵、40 个创新原理、技术系统进化法则等,以创造性地解决问题。学习这些模式有助于提高创新能力。

1. 技术进化分析方法

技术进化设计分析

TRIZ 是一套实用的解决问题方法,它通过对具体问题进行抽象,将其转化成 TRIZ 的一般问题模型来寻找通用的解决方法。这种方法可以帮助我们解决问题,找到解决方法。针对 TRIZ 可识别的通用问题模型,我们可以将这些解决方法进行类比,以解决我们遇到的具体问题。TRIZ 的思路需要我们进行问题或矛盾的转化,这样才能找到解决方法,提供我们解决问题的思路。因此,TRIZ 是一种重要的解决具体问题的思维方式,可以为我们的工作和生活提供有力的支持(见图 4-28)。

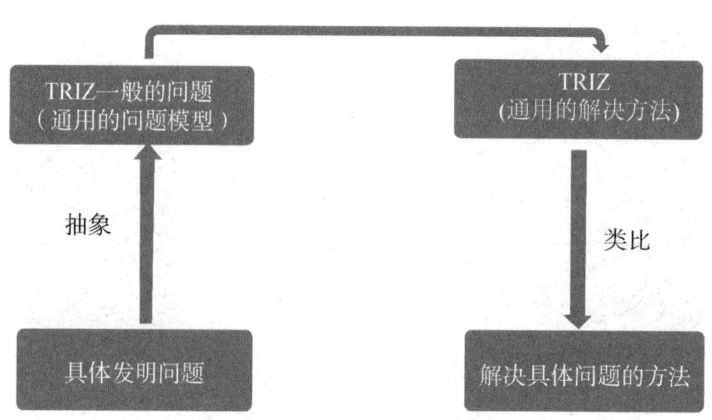

图 4-28　TRIZ 解决问题的思路

TRIZ 技术进化理论——S 曲线是常用的技术进化分析方法。TRIZ 技术进化的概念指的是实现系统的功能从低级向高级变化的过程。技术系统一直处于进化之中，而解决技术系统矛盾则是推动进化的力量。然而所有技术系统的进化都遵循一定的客观规律。一般来说，技术系统的进化经历四个阶段，分别为引入期、成长期、成熟期和衰退期。这个周期即技术的生命周期，同时也是产品的生命周期。该曲线形状类似于 S 形，形象地呈现了系统的完整生命周期（见图 4-29）。

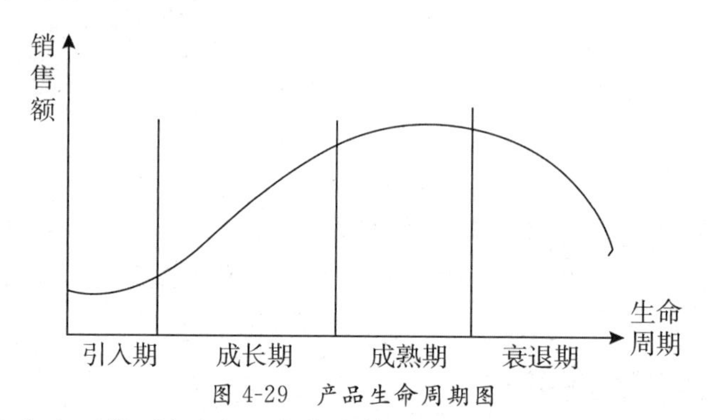

图 4-29　产品生命周期图

S 曲线持续向右上延伸，揭示出一个技术体系进化的不断演进，旧技术被新技术所取代的过程（见图 4-30）。以汽车为例，最初的汽车总是依靠蒸汽技术，速度远远赶不上马儿，只是个小众产物。直到大规模生产时代的到来，汽油汽车应运而生，速度和普及程度都迎刃而解。汽油汽车性能发挥到了极致。随着汽油不可再生，电动汽车开始兴起，电动汽车技术虽经十多年发展，但仍处于成长期。

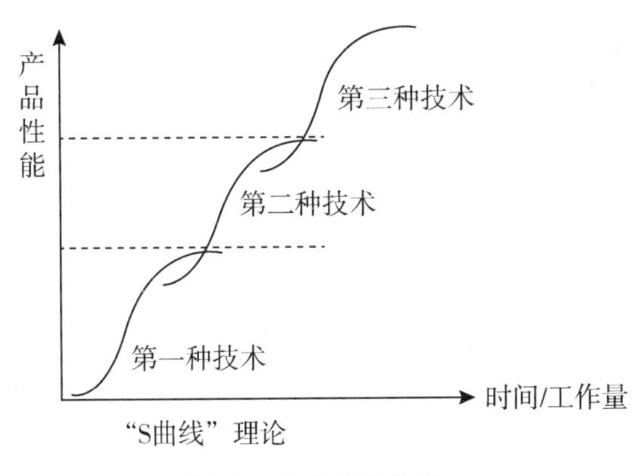

图 4-30 S 曲线进化图

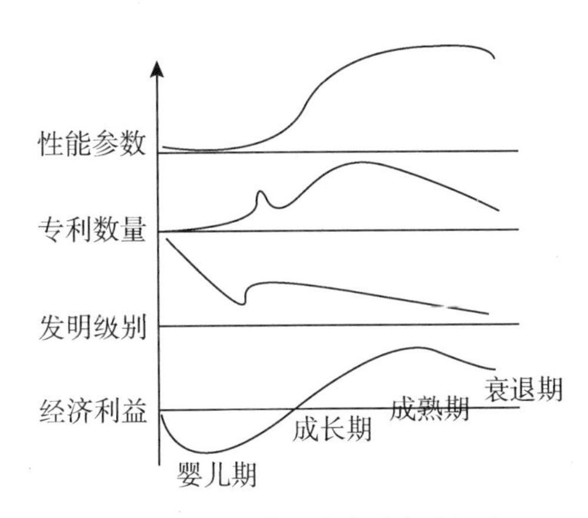

图 4-31 产品生命周期的识别

如何识别产品的生命周期？通过观察一些性能参数随时间变化的规律，我们能够精准地预测产品和技术所处的生命周期。如图 4-31 所示，处于婴儿期的技术和产品，其性能参数相对较差，专业人士数量较少，但是其创新水平极高，这个阶段通常需要大量的投资，因此企业会出现亏损现象。随着时间的推移，产品和技术进入成长期，性能参数开始提高，专业人士数量增加，但创新水平逐渐降低，因此改良和完善成为主要方向，企业逐渐实现盈利。当进入成熟期，产品和技术的性能达到顶峰，专业人才数量最多，但开始下滑，创新水平也更加低下，这是企业获得最高利润的时期。最终，当产品和技术进入衰退期，为了继续占据市场并获得盈利，企业开始故意降低产品的性能，以达到降低成本、赢得消费者的目的。此时，专利数量和创新水平都急剧下降，企业的盈利也开始下降。

2.物理矛盾分析方法

物理矛盾分析

TRIZ 解决的矛盾可分为物理矛盾和技术矛盾两类。物理矛盾是同一参数产生的矛盾，如温度的冷热矛盾、长度的长短矛盾、强度的软硬矛盾。技术矛盾则是一参数改善导致另一参数恶化，比如汽车功率增加导致油耗上升。

针对物理矛盾，我们可运用空间、时间、整体与部分、基本条件分离的四大原则，结合 40 条创新原则解决问题（见图 4-32）。

四大分离方法中，首先是空间分离。比如以天桥为例，它利用这个原理来将行人与车辆分开，实现了交通的有序流动。再如声呐探测器。在早期轮船进行海底测量时，由于船上的干扰问题，声呐探测器无法准确测量。解决这个问题的方法之一，就是将声呐探测器置于船后千米之外，并用电缆连接，从而使声呐探测器与轮船内的各种干扰在空间上隔离开来，互不影响，从而大大提高了测试的精度，实现了矛盾的合理解决。

分离原理	发明原理序号
空间分离	1、2、3、4、7、13、17、24、26、30
时间分离	9、10、11、15、16、18、19、20、21、29、34、37
整体与部分分离	12、28、31、32、35、36、38、39、40
基于条件的分离	1、7、25、27、5、22、23、6、8、14、25、35、13

图 4-32　四大分离原理

第二种方法是时间分离。它可以通过在不同的时间段内满足不同的需求来解决物理矛盾。例如，当我们使用手机时，希望屏幕大且清晰，但是在不使用手机时希望手机体积小巧，因此出现了流行的折叠屏手机。

第三种方法是整体和部分分离。也可以通过在不同的层次满足不同需求来解决物理矛盾。例如，在自行车中，链条应该是柔软以便环绕传动链轮，但同时也要是刚性的以便传递相当大的作用力。因此，链条上的每个链接都是刚性的，但整个系统(即链条)是柔性的。

第四种方法是基于条件的分离。这是一种解决物理矛盾的方法，可以根据条件的不同，将矛盾双方的不同需求分开，从而解决问题。举个例子，跳水员需要一个良好的跳水池。如果水面太硬，运动员很容易受伤；如果水面太软，运动员就很难准确地判断水面的位置，影响空中和入水动作的完成。为此，跳水池应该配备制浪装置，以产生一定的波浪。同时，打一些泡沫也有助于缓解这个问题。在日常生活中，转盘可以用来选择方向，也是一种条件分离的方法。

总之，运用不同的分离原则，结合创新原则，可解决各种物理矛盾。

3.技术矛盾分析方法

技术矛盾分析

技术矛盾产生于技术系统，因此首先要了解技术系统的组成。通常，技术系统由多个子系统和元件相互组合而成，从而实现一定的功能。以汽车技术系统为例，其子系统包括发动机、底盘和电器等，而元件则包括挡泥板和扶手等。此外这个系统的参数则包括速度、重量和油耗等。

技术矛盾是指为了改善技术系统的某个参数，而导致该系统另一个参数恶化的情况。这一矛盾通常由两个参数构成，如慢工出细活中的产品质量和时间成本。再比如许多司机都希望车速提高，但这会减弱车的稳定性，因此速度和稳定性之间存在技术矛盾。

以上案例都提到了参数，这些参数是 TRIZ 理论总结出来的 39 个通用工程参数。它们的覆盖面相当广泛，大多数技术矛盾的参数都可以在这里找到，比如运动物体的重量、静止物体的重量、物体的长度、面积、高低、速度、力量、形状结构等。具体的参数列表可以参考39个通用工程参数表(见图4-33)。这些参数可以分为三大类别,包括通用物理和几何参数,如1—12号、17—18号和21号参数;通用技术消极参数,如15—16号、19—20号、22—26号、30—31号和36—37号;通用技术积极参数,如13—14号、27—29号、32—35号和38—39号参数。

1、运动物体的重量	14、强度	27、可靠性
2、静止物体的重量	15、运动物体作用时间	28、测试精度
3、运动物体的长度	16、静止物体作用时间	29、制造精度
4、静止物体的长度	17、温度	30、物体外部有害因素作用的敏感性
5、运动物体的面积	18、光照度	31、物体产生的有害因素
6、静止物体的面积	19、运动物体的能量	32、可制造性
7、运动物体的体积	20、静止物体的能量	33、可操作性
8、静止物体的体积	21、功率	可维修性
9、速度	22、能量损失	35、适应性及多用性
10、力	23、物质损失	36、装置的复杂性
11、应力或压力	24、信息损失	37、监控与测试的困难程度
12、形状	25、时间损失	38、自动化程度
13、结构的稳定性	26、物质或事物的数量	39、生产率

图4-33　39个通用工程参数

这些技术参数的具体含义是什么?例如,结构稳定性是指什么?我们可以参考39个通用工程参数的解释:结构的稳定性是指系统的完整性以及系统组成部分之间的关系。磨损、化学分解和拆卸都可能降低结构稳定性(见图4-34)。

(9)速度是指物体的运动速度、过程或活动与时间之比。
(10)力是指两个系统之间的相互作用。对于牛顿力学,力等于质量与加速度之积。在TRIZ中,力是试图改变物体状态的任何作用。
(11)应力或压力是指单位面积上的力。
(12)形状是指物体外部轮廓或系统的外貌。
(13)结构的稳定性是指系统完整性及系统组成部分之间的关系。磨损、化学分解及拆卸都降低稳定性。
(14)强度是指物体抵抗外力作用使之变化的能力。
(15)运动物体作用时间是指物体完成规定动作的时间、服务期。两次误动作之间的时间也是作用时间的一种度量。
(16)静止物体作用时间是指物体完成规定动作的时间、服务期。两次误动作之间的时间也是作用时间的一种度量。
(17)温度是指物体或系统所处的热状态,包括其他热参数,如影响改变温度变化速度的热容量。

图4-34　通用工程参数的解释

阿奇舒勒将 39 个通用工程参数和 40 条发明原理有机地联系起来，建立起对应关系，整理成 39×39 的矛盾矩阵表(见图 4-35)。

恶化的参数 改善的参数	物质损失	信息损失	时间损失	物质或事物的数量	可靠性	测量精度	制造精度	作用于物体的有害因素	物体产生的有害因素	可制造性
作用于物体的有害因素	33, 22, 19, 40	22, 10, 2	35, 18, 34	35, 33, 29, 31	27, 24, 2, 40	28, 33, 23, 26	26, 28, 10, 18	•		24, 35, 2
物体产生的有害因素	10, 1, 34	10, 21, 29	1, 22	3, 24, 39, 1	24, 2, 40, 39	3, 33, 26	4, 17, 34, 26		•	
可制造性	15, 34, 33	32, 24, 18, 16	35, 28, 34, 4	35, 23, 1, 24		1, 35, 12, 18		24, 2		•
可操作性	28, 32, 2, 24	4, 10, 27, 22	4, 28, 10, 34	12, 35	17, 27, 8, 40	25, 13, 2, 34	1, 32, 35, 23	2, 25, 28, 39		2, 5, 12
可维修性	2, 35, 34, 27		32, 1, 10, 25	2, 28, 10, 25	11, 10, 1, 16	10, 2, 13	25, 10	35, 10, 2, 16		1, 35, 11, 10
适用性及多用性	15, 10, 2, 13		35, 28	3, 35, 15	35, 13, 8, 24	35, 5, 1, 10		35, 11, 32, 31		1, 13, 31
设备复杂性	35, 10, 28, 29		6, 29	13, 3, 27, 10	10、35 1	2, 26, 10, 34	26, 24, 32	22, 19, 29, 40	19, 1	27, 26, 1, 13
检测复杂性	1, 18, 10, 24	35, 33, 27, 22	18, 28, 32, 9	3, 27, 29, 18	27, 40, 28, 8	26, 24, 32, 28		22, 19, 29, 28	2, 21	5, 28, 11, 29
自动化程度	35, 10, 18, 5	35, 33	24, 28, 35, 30	35, 13	11, 27, 32	28, 26, 10, 34	28, 26, 18, 23	2, 33	2	1, 26, 13
生产率	28, 10, 35, 23	13, 15, 23		35, 38	1, 35, 10, 38	1, 10, 34, 28	18, 10, 32, 1	22, 35, 13, 24	35, 22, 18, 39	35, 28, 2, 24

图 4-35　39×39 矛盾矩阵

矛盾矩阵的第一行和第一列编码了 39 个通用工程参数，横向表示要改善的参数，纵向表示可能会恶化的参数。第二行和第二列则为这些参数的名称。这样，39×39 个通用工程参数表格中共有 1521 个方格。在其中的 1263 个方格中，每列都有几个数字，这些数字是由 TRIZ 提出的解决工程矛盾的发明原理的编码。按编码查询“40 个发明原理”表格(见图 4-36)，就可以得到该编码的实际含义。举个例子，如果产生技术矛盾的参数是移动物体的重量和速度，我们可以查询矛盾矩阵表，找到编码为 15、2、25、19、28、8 和 37、18 的位置，然后再查询 40 条发明原理，即可找到 TRIZ 提供的解决问题的思路，其中包括动态化、抽取、自服务、周期性运动、机械系统替代和重量补偿等。我们可以根据这些原理选择合适的方法来设计解决方案。通过矛盾矩阵表格，我们可以更高效地找到发明原理，提高技术矛盾问题的解决效率。

序号	原理名称	序号	原理名称	序号	原理名称	序号	原理名称
No.1	分割	No.11	预先应急措施	No.21	紧急行动	No.31	多孔材料
No.2	抽取	No.12	等势性	No.22	变害为例	No.32	改变材料
No.3	局部质量	No.13	逆向思维	No.23	反馈	No.33	同质性
No.4	非对称	No.14	曲面化	No.24	中介物	No.34	抛弃或修复
No.5	合并	No.15	动态化	No.25	自服务	NO 35	参数变化
No.6	多用性	No.16	不足或超额运用	No.26	复制	No.36	相变
No.7	套装	No.17	维数变化	No.27	廉价替代品	No.37	热膨胀
No.8	重量补偿	No.18	振动	No.28	机械系统的替代性	No.38	加速强氧化
No.9	增加反作用	No.19	周期性动作	No.29	气动或液压机构	No.39	惰性环境
No.10	预操作	No.20	有效运动的连续性	No.30	柔性壳体或薄膜	No.40	复合材料

图 4-36　40 条发明原理

4.4.10 UI界面设计

UI界面设计原则

在一个完整页面的视觉设计中，页面视觉构成有几个核心要素，可以将其拆分为几个独立的视觉点。比如，在一系列页面设计中，可以将其理解"版、质、形、色、字"这几个核心点。其中：

"版"指版面和格局，版式的间距直接影响到页面的张力和空间感；

"质"指页面风格和肌理维度，整个产品的视觉调性也在其中；

"形"指大面积区域的形状，控件尺寸比例和图形形状的统一性；

"色"指颜色风格，页面色相、彩度、明度等整体风格的统一性；

"字"指字体的样式，字体、字号、衬线以及内容识别性等。

像这些核心元素，我们可以采取刻意练习的方式来提升我们的综合视觉基础能力。但首先，我们需要对其进行理解和梳理。

1.版式设计的重点

何为版？版即版式，在界面设计当中，版式会直接影响到用户对该页面的理解能力，良好的信息传达力离不开科学的组织布局。信息之间层级关系的罗列展示非常重要，恰当的布局，能直接通过视觉力来暗喻信息之间的层级关系。作为页面核心骨架，是我们最需要进行练习的内容点。

在版面设计中，亲密性是至关重要的，这意味着相似的元素应该被归类在一起，而不同的元素则要远离彼此。信息之间应该联系紧密，间距也应该相近。如果使用不同的布局来隔离不同的元素，那么这样的设计就是完美的。比如在图4-37中，左图将内容归类在一起，而右图的排版则正好相反，是错误的。

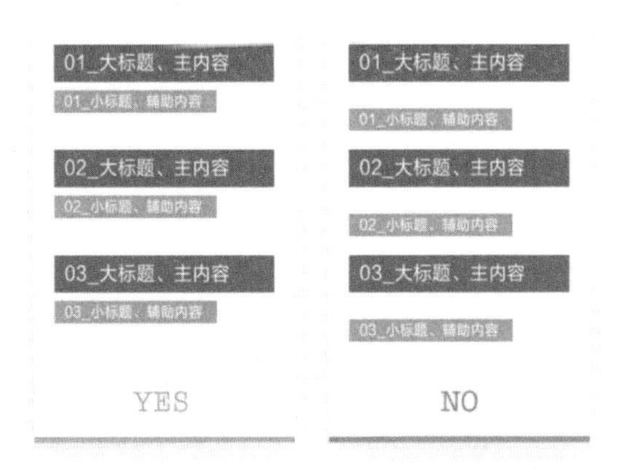

图4-37 版面设计重点亲密性

设计中另一个重要的方面是注意节奏性。在京东金融应用程序中，间距以4为单位进行倍增，但是实际使用的间距却是较大的24、28、32、36、40和44。另一方面，全球房源的应用程序是以 12 的单位进行缩放，如 12、24、36、48 和 60 的单位，不同的栅格比例传达的情感也是不一样的。通过这样的精细设计，节奏和规律感会更加突出，在设计中随处可见，给人以美感的享受(见图 4-38)。

图 4-38　版面设计重点节奏性

版面设计的重点三就是黄金比例。在 UI 设计中，黄金比例是一种非常常见的比例。这个比例已经经过了自然界各种数据的验证，所以是无可挑剔的(见图 4-39)。

在实际项目中，我们通常会运用黄金分割的原理来设计元素间的比例关系，以达到更加美观和谐的效果。不过，要想快速准确地计算黄金比例，并不是件容易的事情。此时，一个黄金比例在线计算工具就可以大派用场了。通过工具，我们可以看到不仅有黄金比例，还有白银、铂金等其他比例可供选择。尽管这些比例同样也具有美感，但是最终的使用效果还是需要根据具体场合来进行调整。

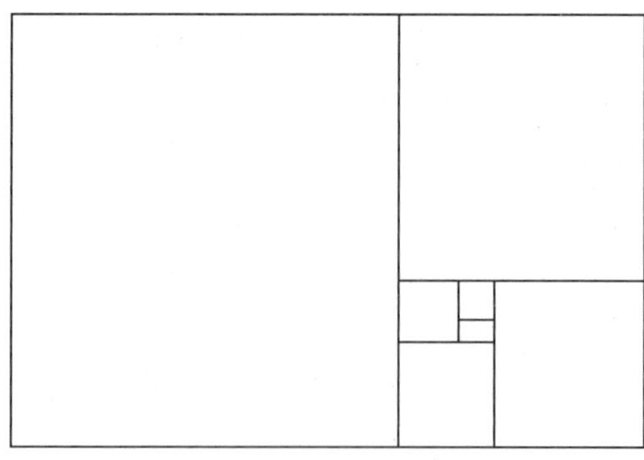

图 4-39　版面设计重点黄金比例

2.质感设计的样式

什么是质？质是视觉语言的一个重要组成部分，不仅可以表达页面的风格特征，还可以表现肌理的虚实程度。产品的质地风格应该与其整体形象保持一致，是多个页面统一风格的重要组成元素。良好的质感表现不仅可以帮助用户认识和记住产品特征，还能使产品与同类产品迅速拉开差距，并做到与众不同。

质感推荐的样式一是大卡片，轻投影式(见图 4-40)。这种风格在 iOS 11 之后变得更加普及，因为微投影能够很好地拉开层级，提升空间感的同时，还能让页面呈现出更为细腻的质感。苹果的 App Store 等都采用了这种优秀的样式。但需要注意的是，在采用渐变样式时，要避免过于厚重，同时，页面留白要适宜。

图 4-40　版面设计重点：轻投影

推荐的第二种质感样式是高纯度的渐变与弥散投影相结合。近两年来，渐变风重新流行起来。与以前比较厚重的渐变阴影不同，新的渐变样式更扁平，更轻量化。随着渐变风格的流行，国内的主流应用如淘宝、京东金融、优酷和饿了么也开始跟风效仿。如图 4-41所示，在渐变的配色方案中，不适合同时使用多种颜色进行渐变。渐变的两个颜色在同一色系中微调即可。

推荐的第三种质感样式是轻拟物。在经历了扁平设计流行后，拟物风格仍然占据一席之地。目前，轻拟物的视觉主流更多地融入扁平元素，并加入一些拟物的元素，尤其在汽车终端、智能家居等物联网系统中更为常见(见图 4-42)。与传统的拟物相比，现代的拟物风格更加简洁，并将主要层级信息突出展现。通过视觉的明暗分明，来展示不同层级信息的关系。

彩图效果

图 4-41　质感推荐的样式二：高纯度渐变与弥散投影相结合

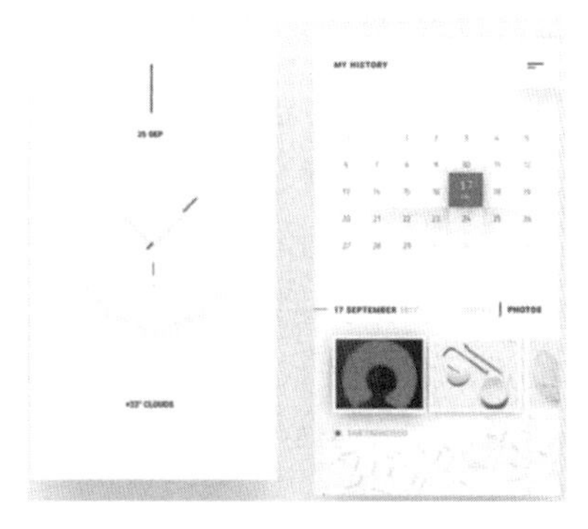

图 4-42　质感推荐的样式三：轻拟物

3. 形态设计的要素

什么是形？形是决定整个产品线调性的重要因素，能够通过视觉表现直接传达产品所蕴含的情感文化给用户。无论是按钮的圆角比例还是图标的一致性，都是形的关键组成部分。在 UI 界面设计中，图标和按钮是形更为重要的部分，采用这种方法可以提升形的一致性。

形的要素一：统一的 ICON 风格是形的重要组成部分，图标设计中需要注意控制核心的视觉语言，如常见的线性图标需要关注描边线宽、圆角、断点方式、点缀、颜色填充类型和图标重心等要素。

形的要素二：统一的图形元素也是形的关键要素，直接决定企业的品牌形象。在界面设计中，使用品牌图形能够让用户牢记品牌形象，快速获取市场份额，提高用户忠诚度。一些成功的产品如天猫、京东、QQ 和网易云等，都在这方面非常巧妙。天猫使用了大量猫头的形象，网易云提取了唱片元素，整个图标风格涵盖了较为流畅的造型(见图 4-43)。

图 4-43　统一的图形元素

4. 色彩设计的技巧

何为色？色是人感官中留下的第一印象。想要合理地运用颜色并不容易。在界面设计中，选择配色方案就像挑选衣服一样，颜色过多或太花哨会降低整体档次感，影响信息传递。一般来说，除非设计师的配色能力非常高，大部分界面设计中只需要使用三种颜色。为了帮助提升配色能力，下面提供两个小技巧。

色彩技巧一：使用情绪板决定主色调。通过关键场景词收集相应的图片素材，使用情绪板来创建颜色，能更好地帮助设计师理解产品情绪，提高工作效率流程，让界面设计更符合用户预期，完成产品目标需求(见图 4-44)。采用这种方法设计出的方案更具有说服力，能让设计师更好地掌握产品视觉设计的主导权。

彩图效果

图 4-44　色彩情绪版

色彩技巧二:六三一原则。在空间设计中,主色调通常占 60%,辅助色占 30%,突出色占 10%。在界面设计中,设计稿中颜色不宜过多,不同色系最好不要超过三种,遵循这个原则能够使界面更加简洁明了,让信息传递更加高效。

5.字体设计的技巧

何为字？字是信息传递的基本单位,其字体的形状和样式直接影响信息传递的速度。因此,在不同的场景下,使用不同的字体样式是至关重要的。对于 UI 设计师而言,理解字体是一项必不可少的技能。以下是几个小技巧,可以帮助您提高对字体的理解能力。

字体使用技巧一是合理地使用字体样式。在做界面设计时,永远要把内容的可读性放在首位,其次再去考虑其他样式。根据不同的业务模式,选择不同的字体,可以让页面更容易达到用户的心理预期。如衬线字与无衬线字,所传递出来的感受也是有着较大区别的,一般而言,需要强调的文字或者小篇文字中,使用无衬线字会更合适一些。而在一些长篇文章中,使用衬线体则会更容易阅读(见图 4-45)。

衬线体

非衬线体

图 4-45　合理地使用字体样式

字体使用技巧二是合理地使用字重。在单色环境中,使用不同的字重能更好地加强内容之间的呼应对比。减少过渡色阶层级的使用,能使核心内容更为聚焦,减轻阅读负担。因此在界面设计中,使用较粗的字重来作为标题是较为合适的。

字体使用技巧三是合理地控制字距。字距跟行距会直接影响到大排文字的阅读性。标题的字间距要紧密,正文大排文字的字间距要稀疏一些。另外正文的行间距应该设置为字体大小的120%到150%之间(见图4-46)。大家可以多进行一下尝试,直到信息较容易识别阅读为止。

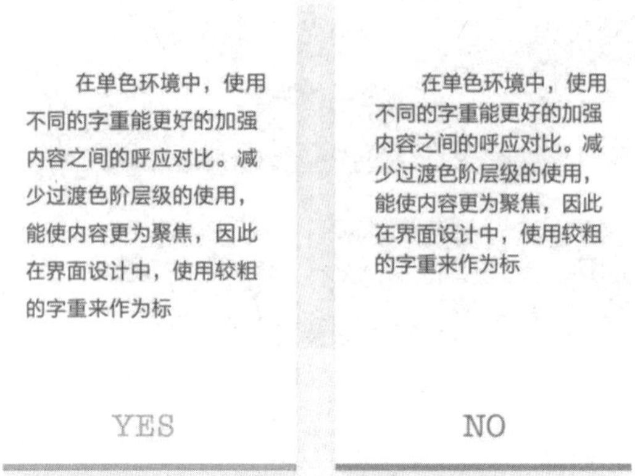

图4-46 字体使用技巧合理控制字距

4.5 任务实施

任务1:设计项目研究

一、任务思考

问题1:智能产品与传统产品的主要区别是什么?

____

____

问题2:创新发展的驱动力是什么?

____

____

问题3:你听说过风险创新设计吗?风险创新设计的特点是什么?

____

____

二、思想提升

创新精神是一个国家和民族发展的不竭动力,创新性思维是设计师进行创新的工具。

创新性思维是一种前瞻性思维,破坏性风险创新思维是对原有产品进行颠覆性的改变,而改变后的产品在当时不一定非常完美,也可能是粗陋的,但经过不断地再完善就可能成为好产品。就如同以前电话只有座机,解决不了人们在户外的通信需求,于是就出现了"大哥大",虽然它笨重而昂贵,但是因为具有便利性并且对原有通信模式进行了破坏式的变革,而受到大家的欢迎,再后来又出现了便利型通信产品——手机,今天已经是智能手机的天下了。每一次变化都是一次破坏性创新,新产品在问市时或多或少都会有不完善的地方,但经过不断地修复、升级后,就会成为非常完善的产品,对原产品链进行冲击。

三、任务实施

任务实施表如表 4-2 所示。

表 4-2　任务 1 实施表

任务步骤	任务要求	任务安排	任务成果
步骤 1 智能产品选题	从智能家居、智能生活、智能健康、智能可穿戴四个领域出发，选择一个目标领域运用智能技术进行产品创新。	具体活动 1：选定小组组长。 具体活动 2：小组研讨确定智能产品方向与领域。	确定项目方向。
步骤 2 智能产品市场调研	针对小组选题实施市场调研，学习现有智能产品的设计方法。	具体活动 1：收集小组选题资料。 具体活动 2：小组成员进行资料分析，确定所选产品的智能芯片类型与交互界面内容框架。	确定产品硬件芯片与交互界面框架。
步骤 3 学习设计本源思维	看视频学习“设计本源思维方法”，找到选择物品的设计本源（见知识准备 4.4.7）。 家电创新-寻求设计本源	具体活动 1：确定调研内容与方向。 具体活动 2：小组拟定调研计划。	说出所选智能产品的设计本源。
步骤 4 学习风险创新设计	看视频学习“风险创新设计”的特点，并进行讨论如何进行风险创新设计？ 风险创新设计	具体活动 1：学习微课视频。 具体活动 2：小组讨论风险创新特点与实施路径。	找出所选课题的风险创新设计的突破思路。

任务2：创新方案求解

一、任务思考

问题1：明确了创新的方向，如何找到创新的路径呢？

____

____

问题2：你知道TRIZ创新理论吗？

____

____

问题3：创新求解的方法有哪些？

____

____

二、思想提升

设计是要解决问题，如果产品的初始状态与理想状态之间存在距离，则称之为问题。设计过程是解决问题的过程，是使产品由初始状态通过单步或多步变换实现或接近理想状态的过程。

在面对新问题时，思维惯性会阻碍我们形成新构想，成为我们前进的羁绊。此时，不妨打开TRIZ理论，按照其指引，不断地突破自身思维的枷锁，寻求新点子、新观念、新构想并发现新事物。

三、任务实施

任务实施表如表4-3所示。

表4-3 任务2实施表

任务步骤	任务要求	任务安排	任务成果
步骤1 学习TRIZ创新理论	看视频学习“TRIZ创新理论”和“技术进化分析”，找到TRIZ创新理论的精髓(见知识准备4.4.9)。 TRIZ创新理论　技术进化设计分析	具体活动1：看视频学习微课。 具体活动2：小组研讨TRIZ创新理论与其他设计思维方法的不同处。 具体活动3：小组分析项目的技术进化系统。	绘制出所选项目的技术进化系统。

续　表

任务步骤	任务要求	任务安排	任务成果
步骤 2 学习物理矛盾和技术矛盾	看视频学习物理矛盾与技术矛盾，找到项目创新设计的矛盾。 物理矛盾分析　技术矛盾分析	具体活动 1：看视频学习微课。 具体活动 2：识别出创新设计的矛盾类别。	识别出创新设计的矛盾类别。
步骤 3 实践求解矛盾	通过查询矛盾矩阵表，找出 3～5 个解决项目矛盾的解决方案。	具体活动 1：小组查询矛盾矩阵表。 具体活动 2：小组记录解决矛盾的技术原理。 具体活动 3：小组运用技术原理进行方案创新设计。	寻找出多个创新方案。
步骤 4 筛选求解方案	从 3～5 个求解方案中，优选出一个求解方案进行创新设计方案细化。	具体活动 1：小组梳理出 3～5创新设计方案。 具体活动 2：教师指导，帮助小组同学优化方案。 具体活动 3：确定一个方案，进行设计方案细化。	优选出一个创新设计方案。

【作业案例展示】

本案例采用 TRIZ 创新理论，解决了儿童雾化器和相机的设计问题。针对产品的改善和恶化参数，通过查询矛盾矩阵表，找出解决矛盾的发明原理，达到了优化产品设计的目的。请扫描以下二维码查看。

两个 TRIZ 解决方案

任务3：外观结构设计

一、任务思考

问题1:智能产品与传统产品相比较外观上有什么不同之处?

____

____

问题2:智能产品屏幕的大小与位置由什么决定?

____

____

问题3:智能产品外观要传达出什么设计理念?

____

____

二、思想提升

产品设计已经步入一个崭新且令人振奋的时代。摩尔定律发明的头30年为工程师们研发新产品创造了巨大的技术机遇,他们注重产品的功能,即产品是否能自动方便地执行日常任务。那时候的产品通常笨重不堪,而且对非技术人员来说也难以上手。然而,过去20年以来,科技高速发展,计算能力成本日益降低,产品研发者渐渐不再只关注工业功能,而将注意力放在了用户体验和时尚外观上面。他们不再青睐功能单一的产品,而是需要更加耐用的产品,能够自动学习并适应用户,逐渐成为互联生态系统中的新成员。用户期待能够持久带来良好体验的产品,而良好的用户体验是离不开产品外观与结构的统一设计。

三、任务实施

任务实施表如表4-4所示。

表4-4 任务3实施表

任务步骤	任务要求	任务安排	任务成果
步骤1 产品功能原理设计	运用智能元器件与相关技术,进行产品内部布局设计,保证实现产品功能。	具体活动1:小组研讨产品所需元器件。 具体活动2:依据创新方案,进行元器件布局设计,绘制完成产品内部原理图。	完成产品原理设计。

续 表

任务步骤	任务要求	任务安排	任务成果
步骤 2 产品造型构建	以产品内部架构为基础,以创意设计方案为参照进行产品造型三维数字化构建。	具体活动 1:分析产品的内部架构与尺寸。 具体活动 2:确定产品人机交互功能点与产品形态表现重点。 具体活动 3:构建出产品造型的主要形体。	完成产品形体大形构建。
步骤 3 产品结构设计	以产品内部架构为基础,完成产品分件设计,并完成部件之间的连接结构、支撑结构、功能实现结构的设计。	具体活动 1:小组研讨分析产品结构有哪些? 具体活动 2:分工设计与制作产品连接与支撑结构。	完成产品结构设计。
步骤 4 产品三维细节表达	完善产品整体形态细节,特别注意屏幕细节、使用交互细节、功能表达细节。	具体活动 1:小组研讨分析产品细节有哪些? 具体活动 2:分工设计与制作产品细节。	完成产品细节设计。

【作业案例展示】

本案例介绍了一款消毒手机、眼镜和手表等产品的设计过程。学生利用建模渲染软件,呈现了产品各个角度的效果,同时展示了产品的取出与放置结构以及内部结构,达到了整体呈现的效果。请扫描以下二维码查看。

智能消毒一体箱

任务 4:交互界面设计

一、任务思考

问题 1:智能产品的 UI 界面类别有哪些?

问题 2:UI 界面的风格有哪些?

问题 3:智能产品的 UI 界面设计中重点表达的内容是什么?

二、思想提升

过去，设计界面的目的是更容易地向用户传达我们的意图与目标。以后，我们将会为智能产品设计界面，帮助它们与我们交流，共同探索更好的体验，使我们的生活更加美好而有趣。

三、任务实施

任务实施表如表4-5所示。

表4-5 任务4实施表

任务步骤	任务要求	任务安排	任务成果
步骤1 学习微课 交互设计	完成微课“UI界面设计原则”的学习(见知识准备4.4.10)。 UI界面设计原则	具体活动1:学习微课。 具体活动2:小组研讨并回答活动思考问题。	完成活动思考表。
步骤2 设计UI界面功能布局	运用平面类与交互类软件，确定界面尺寸与主要信息，并进行界面布局设计。	具体活动1:小组研讨确定智能产品的界面类别(大小、尺寸)。 具体活动2:分工设计与制智能产品功能界面布局图(状态栏、标题栏、底部导航和内容区域)。 具体活动3:用UI界面软件清晰地表达出界面布局。	完成智能产品界面功能布局。
步骤3 UI界面视觉风格设计	确定界面视觉风格类型，进行UI界面的设计。	具体活动1:小组研讨分析确定界面视觉风格。 具体活动2:分工设计与美化UI界面(版、质、形、色、字)。	完成智能智能产品界面美化。
步骤4 动态展示 UI界面	合理选择运用软件并生成可视化的界面动画效果。	具体活动1:小组完成界面内容设计。 具体活动2:小组分工制作界面动态效果。	完成智能产品的界面展示动画。

【作业案例展示】

本案例展示了产品交互界面的呈现效果，介绍了常见交互界面的形状和主要的表达形式，可以为设计师提供借鉴和参考。请扫描以下二维码查看。

产品交互界面

任务5:设计报告书制作

一、任务思考

问题1:设计报告书内容包括哪些?

问题2:设计报告书的表达形式是以PPT形式还是Word形式?

问题3:设计报告书风格需要与设计内容一致吗?

二、思想提升

总结是一个整理、提炼的过程,是我们获得进步的最好方法。在学习中,我们要适当地停下来回顾过去的情况,总结这一段时间的学习经验,理清未来的发展思路,总结既是对过去的回顾,更是为了更好地开拓未来。

设计报告书是设计课程最全面的考核手段。通过设计报告书,我们不仅能够看到设计的创意来源、设计成果,更重要的是能够看到自己在整个课程中的学习过程,包括对问题的思考、方向的选择、创作过程中的一些挫折,以及寻找到的解决路径等。通过设计报告书的展示,也方便教师能够清楚地对学生设计流程的掌握、设计技能的运用、创意能力做较为全面的考察。

三、任务实施

任务实施表如表4-6所示。

表4-6　任务5实施表

任务步骤	任务要求	任务安排	任务成果
步骤1 研讨设计报告书案例	收集整理出3～5个优秀设计报告书案例,并进行案例研讨。	具体活动1:小组收集优秀设计报告案例。 具体活动2:小组研讨案例,归纳出设计报告书的内容框架与常见风格。	整理出设计报告书的内容框架和常见风格。

续 表

任务步骤	任务要求	任务安排	任务成果
步骤2 制作设计报告书内容	选定报告书风格,制作出不少于20页的设计报告书。	具体活动1:小组研讨确立报告书风格。 具体活动2:分工制作设计报告书内容。	完成设计报告书内容制作。
步骤3 进行设计报告书版面设计	进行设计报告书版面设计,做到图文并茂,层次丰富,协调统一,版面具有视觉冲击力。	具体活动1:小组分工美化设计报告书。 具体活动2:小组整合设计报告。	完成设计报告书版面设计。
步骤4 小组设计汇报设计报告书	小组进行设计报告书汇报,时间控制在5分钟以内,要求讲解清晰,内容具体,并回答师生提问。	具体活动1:小组轮流汇报。 具体活动2:学生针对汇报进行提问。 具体活动3:教师进行设计点评。	完成设计总结汇报。

【作业案例展示】

本案例展示了2份精美的设计报告书,版面设计精美、图文并茂、层次丰富,视觉冲击力强。报告书内容衔接紧密,包括了设计调研、设计创意、设计方案效果等完整内容,是优秀的设计报告书的典范。请扫描以下二维码查看。

智能消毒器

跳绳跳姿辅助

4.6 评价与总结

1.评价

项目评价表如表 4-7 所示。

表 4-7 项目评价表

指标	评价内容	分值	自评	互评	教师
过程评价（50%）	能为小组提供信息资料	5			
	能够参与小组计划，执行小组分工	5			
	能够与小组同学沟通顺畅	5			
	能够吸取别人的经验	5			
	能够具有创新意识与创新思维	5			
	能够进行智能产品的设计项目研究	5			
	能够进行智能产品的创新方案求解	5			
	能够进行智能产品的外观结构设计	5			
	能够进行智能产品的交互界面设计	5			
	能够进行智能产品的方案展示与汇报	5			
作品评价（40%）	设计理念独特，创新点突出	10			
	造型、结构合理，功能合理，有较强的技术可实现性，市场推广前景好	10			
	产品造型美观、UI 界面布局合理，界面风格凸显，视觉冲击力强	10			
	设计报告书表达清晰，内容完整、重点突出	10			
成长度（10%）	学习并通过智能知识学习资源	4			
	设计与制作六项能力提升（每项 1 分）	6			

2.总结

项目总结表如表 4-8 所示。

表 4-8 项目总结表

素养提升	提升	
	欠缺	
知识掌握	掌握	
	欠缺	
能力达成	达成	
	欠缺	
改进措施		

参考文献

[1] 桂元龙，况雯雯，杨淳. 产品项目设计[M]. 合肥：安徽美术出版社，2017.
[2] 肖海文，张政梅，程厚强. 家具设计与制作[M]. 北京：北京理工大学出版社，2021.
[3] 孙颖莹，熊文湖. 产品基础设计——造型文法 [M]. 北京：高等教育出版社，2009.
[4] 秦玉龙 . 创新产品设计表现[M]. 青岛：中国海洋大学出版社，2017.
[5] 陈珏. 互动装置设计 [M]. 北京：中国轻工业出版社，2014.
[6] 洛可可创新设计学院. 产品设计思维 [M]. 北京：中国工信出版集团，2016.
[7] 迈克尔·勒威尔. 设计思维手册——斯坦福创新方法论 [M]. 北京：机械工业出版社，2020.
[8] 章欧雁，敬杉. 服装立体裁剪[M]. 北京：机械工业出版社，2020.

专业网站

普象网(http://www.pushthink.com/)无穷尽设计可能

花瓣网 (huaban.com)陪你做生活的设计师

红点设计(https://www.red-dot.org/zh/design-concept)

站酷 ZCOOL(https://www.zcool.com.cn)发现更好的设计

Pinterest(https://www.pinterest.com/)

Core77 (https://www.core77.com)

Behance(https://www.behance.net/)

Abdz(https://abduzeedo.com/)国外优秀的设计灵感社区

字由(https://www.hellofont.cn/)设计师必备字体利器

Fontsquirrel(https://www.fontsquirrel.com/)英文字体100%可免费下载

Coolors(https://coolors.co/)快速配色方案生成器

Khroma(http://khroma.co/) AI 设计您喜欢的颜色

Remove.bg(https://www.remove.bg/zh)图片背景消除

UI (https://www.ui.cn/)UI 设计师交流社区

Uplabs(https://www.uplabs.com/)交互设计作品交流平台

昵图网(www.nipic.com 原创素材共享平台

优品 PPT(www.ypppt.com)

iconfont(https://www.iconfont.cn)阿里巴巴矢量图标库